村田吉弘【菊乃井】著
Sugiyama Chihiro＝圖
蘇文淑＝譯

日本料理的常識與奧祕

米其林7星懷石料理首席大師
從禮儀、器皿、服務、經營到文化
為您解析和食背後的深邃文化

ホントは知らない
日本料理の常識・非常識

マナー、器、サービス、経営、
周辺文化のこと、etc.

漫畫・插圖◎Sugiyama Chihiro

前言

寫這本書，可能會讓讀者覺得我好好一個廚師不講料理，到底想幹嘛？不過日本料理其實牽涉到了許多細微的相關文化，如果沒有這些文化支撐，日本料理也就頓失底蘊了。除了烹調外，「料理」這項學問得懂的還有很多呢。

基於這樣的想法，我把一些料理二、三事給寫了出來。包含大家平時覺得「哎唷，千萬別問我！」「被問可尷尬了」「說些什麼完全聽不懂」的事。我也連帶在書中抒發了一些日常感受，畢竟每天站在廚房裡給人做菜、也經營著日本料理店，總有一些見聞想說。

寫啊寫，我也逐漸發現：

「這些事情在不久之前的日本，根本就是常識吧！」這樣的事情不勝枚舉。所以這本書裡寫的一點都不難，全是尋常知識。

請放輕鬆，享受一段愉悅的書中時光吧。如果有哪些段落讓您讀了心想：「哎呀！原來是這樣啊！」那我也功德圓滿了。

菊乃井　村田吉弘

目次

日本料理的常識與奧祕
關於禮儀、器皿、服務、經營與周邊文化

第2章 風雅的料理店禮儀

第4章 來談一談京都的一、二事吧

第5章

「關西vs.關東」連這也不同

第6章

第8章 我想說句話！料理店所見的今日另一面

第9章

若想走料理這條路……195

第10章

雖然無關緊要……209

第

1

章

08.什麼是「蟲蝕」？——可不是被蟲咬了唷！

器皿的奧妙，還真是不說不知道

01

陶器與瓷器差異何在？

簡單來說，陶器的原料是土、瓷器的原料則來自於石頭。只要看一下器皿底部的高台（譯註：器皿底部凸起的一圈，亦稱「圈足」）內側或周圍沒淋上釉藥的部分，呈現土色或灰色等泥土色澤的通常是陶器，呈現白石子色澤就是瓷器。至於特性來說，陶器的導熱性差，裝了熱物之後摸起來不會太燙，但瓷器的導熱性良好，一裝進熱東西後摸起來就很燙手。當裡頭什麼東西也沒裝的時候，陶器摸起來比較溫潤，瓷器則冷涼。陶器給人的感受一般比較柔和、瓷器則略顯堅硬。不過，這說的還是一個籠統的概念而已，也有些陶器的質感很剛冷呢。陶瓷器的種類多不勝數，很難一語以蔽之。

要留意的是，如果用器皿的名稱來區別陶瓷的話很容易出錯，例如有人說青瓷、白瓷、染付（譯註：白底上以含鈷藍的顏料描繪之作品，又稱青花）都屬於瓷器、交趾則是陶器，這是不對的。因為染付雖然大部分是瓷器，但「安南燒」這種越南作品裡，卻有一部分染付作品屬於陶器。至於同樣是以越南北方地名而命名的交趾燒，則同時出產陶器與瓷器兩種。更遑論青瓷、白瓷其實有些屬於陶器、有些屬於瓷器。

所以我們在面對器皿時，用不著急著區別陶器如何如何、瓷器又如何如何，重點在於面對它們，觸摸與感受，仔細觀察它們有什麼特徵、應該如何使用。這個器皿是比較柔滑、稍微一碰到就很容易損傷呢？還是容易滲入醬汁？導熱性好不好……？貴或便宜倒是次之了，因為所有器皿都值得好好對待。

使用時，也不用被一般觀念給侷限，什麼陶器要冬天用、瓷器得夏天擺。只要夏天時多用一些能給人帶來涼意的、冬日多用一些溫潤的，這樣就好了。

02 京燒，就是所有在京都燒製的陶瓷

「這是京燒。」「這也是京燒。」咦，看起來一點都不像，怎麼都是京燒？很多人好像都有這種疑問，其實京燒的意思，就是在京都燒製的器皿，這麼想就通了。

回溯歷史，京都以前可有不少地方生產陶土呢，所以很多地方都設了窯廠唷，像是清閒寺、深草、音羽、粟田口、清水。另外比較有名的還有由仁清（譯註：野野村仁清，江戶時代於御室仁和寺前開設窯廠，為京燒帶來巨大轉變，正式掀起彩繪陶器的風潮）創辦了窯廠的御室，以及乾山（譯註：尾形乾山，仁清之後的陶人，以活潑生動的風格著稱，其兄為名畫家尾形光

琳，兩人合作了許多陶器作品）成立了窯廠的鳴瀧，都是這麼起家的。

以前陶瓷器從模仿中國的唐物跟高麗（朝鮮半島）的作品開始，接著發展出了鏽繪（譯註：使用含鐵量高的顏料，又稱鐵繪，色澤由茶至黑褐）、染付以及以仁清為首的彩繪陶器，後來更出現了彩繪瓷器。在彩繪瓷器鼎盛的時期，清水正好是生產重鎮，隨著京燒推廣到了日本各地、蓬勃發展，清水燒也於焉成為京燒的代名詞。所以講得極端一點，只要把京燒想成是清水燒就行了，這兩種指的都是所有在京都燒製的陶瓷器，這麼想便沒錯。

時移運轉，今時今日包含清水在內，京都已經沒有殘存任何窯廠。現在所謂的京燒，幾乎都是在宇治市裡一個叫做炭山的地方燒製的。

03 隨時留意器皿的正面

日本料理所用的器皿，通常都有所謂的「正面（前面）」，如果拿建築物來打比方，大概就等於是正面玄關吧。我們如果能一眼就看清楚哪裡是正面，那當然沒問題，問題在於，很多器皿很難判斷它的正面究竟是在哪裡呀。

那些一眼就看得出正面的器皿，通常有高低差，比較低的地方就是正面。或是旁邊有圖案的，那麼漂亮一點的、主要的圖案就是正面。圖案在器皿內側的話，把它擺到能看清楚圖案的位置，這個位置就是正面。

一般人比較容易犯的錯是把器皿倒過來看，按照底下窯廠或創作者的名字來判斷

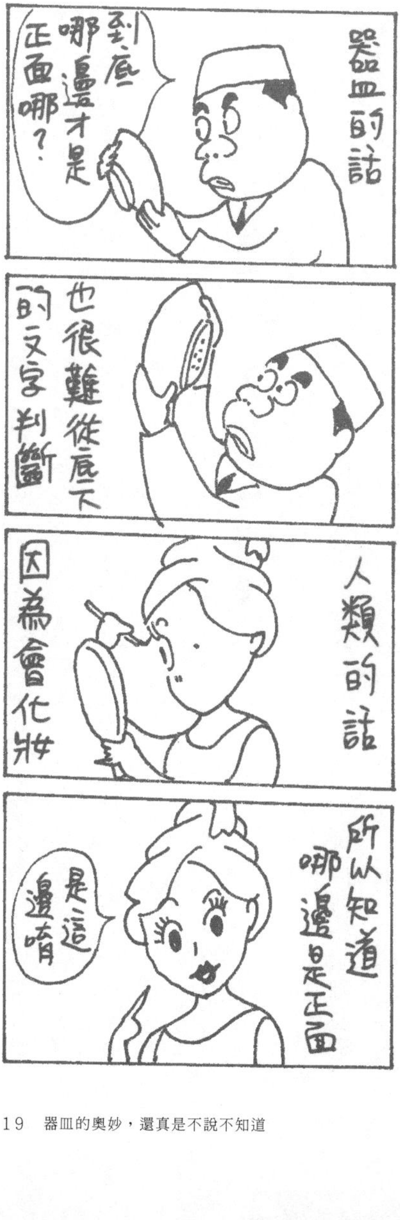
器皿的話
到底哪邊才是正面哪？
也很難從底下的文字判斷
人類的話
因為會化妝
所以知道哪邊是正面
是這邊唷

正面。可是如果你看藝術家落款時的實際情況，就知道有些人的習慣是把器皿前後翻轉（往自己的對面轉），有些人則習慣左右轉，這麼一來的話，落款跟正面的關係會變成怎麼樣呢？如果是前後翻轉，文字的方向跟器皿的正面就完全相反囉，所以不能光靠文字來判斷正面在哪裡嘛。

04 弧形木器的擺放秘訣，接合處「圓前方後」

用木片彎曲而成的木器，通常會以櫻樹皮來處理接合的部位，這個接合處稱為綴目（綴じ目／Tojime）。一般來說，圓器皿的綴目朝前、方正的器皿則要把綴目往後擺，這是正確的擺法，也就是俗稱的「圓前方後」。至於為什麼要這樣擺嘛，那就沒人知道了，總之這是從以前約定俗成的作法。不過，擺在神明前的三方跟葵盆（供奉下鴨神社供品的器皿）可就完全相反了，要以神明的方向為主。另外，八角形跟多邊形的器皿，則只要依照圓形器皿的擺法就行了。

比較容易有疑問的是「片口」，這種單邊有壺嘴的小缽原本是拿來倒醬油、酒或油品時使用，為了方便右撇子拿取，我通常會把壺口朝左，不過有些人的作法不同。

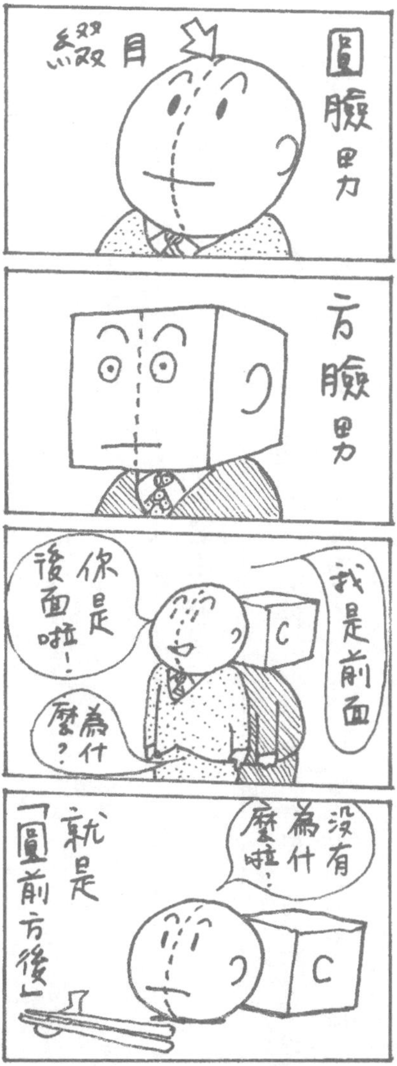

倒酒時，雖然會把壺嘴朝左擺，但如果要把器皿拿來變化用法、例如說「我今天要拿這個片口來擺菜」，就會刻意朝著不同的方向（壺口往右），以彰顯今天作法的不同。這中間要說有什麼一定的規矩嘛，其實也沒有。

另外像是底部有三隻腳的容器（三足），大家都說雙足的部分是正面，可是有很多器皿如果這麼擺，一點也不好用，或是從圖案來看的話，怎樣也不應該這麼擺，所以，基本上我會在大原則底下視情況來變化，看怎麼擺比較安定、或是比較容易讓人欣賞到器皿的圖樣，再來決定擺法。

05

何謂「極書」？——有的話，價值可翻上好幾倍咧

極書（極め／Kiwame）這種東西，簡單來說就是鑑定書的意思。有些茶具、掛軸或畫作上，會由作者或其他人寫下創作者的名字（甚至包含擁有者的名字）、作品種類、命名以及寫的人自己的名字，然後畫個押。這就像是畫押保證「這絕對是件好東西！」一樣。寫極書的人通常不是茶道的家元、地位崇高的和尚，就是鑑定家，都是一些眼光利得很的行家，所以一件作品如果附上了極書，那身價馬上翻個好幾倍囉！而寫極書的人也只敢給自己認可的作品下筆，否則別人再怎麼拜託，也不能隨便丟臉嘛。

極書有很多種形式，常見的是寫在一種稱為「料紙」的書畫用紙上，跟作品附在一起。或直接沾墨寫在作品的箱盒上。寫在箱盒上時，有些寫在盒蓋上、有的寫在盒

蓋裡或箱子旁，有的貼張紙寫在盒上。這種直接寫在箱盒上的稱為「箱書／箱書き／Hakogaki」，要是有人說「這只碗有某某人寫的箱書唷」，哎呀，那就表示這只碗很厲害囉，就是這個意思。

跟這不一樣的，還有一種叫做「共箱／Tomobako」，這是創作者在收納作品的

箱盒上，寫上自己的名號、作品種類跟名稱等，也算是一種保證啦，有它的價值。不過這畢竟是當事者自己寫的，所以並不能稱為「極書」。

如今，日本人在形容某件事或某個人的風評良好時，會說「附上了極書」「附上了折紙」，這說法就是從這兒來的。

06

何謂「共箱」？——不是隨便什麼盒子都行唷

有一次，我在一個古董市集裡問老闆：「老闆，請問這缽有沒有盒子？」老闆回：「沒有哦，這是我自己做的。」哎呀，老闆啊，我不是這個意思，我是問你有沒有共箱啊，真是太讓人錯愕了。

不過，就算料理人，有些也會說出這樣的外行話，有人還會嫌原本的箱子收納不方便，乾脆把它丟了，全部收在一個大塑膠盒裡。怎麼會有這種事呢？器皿要重新整理當然沒問題，但原本的盒子要留下來呀！

我這邊所指的，當然是共箱或上頭有箱書的箱盒，如果是阿貓阿狗做的盒子，那有沒有都無所謂了。一般我們問「有沒有箱盒？」意思就是有沒有某種價值的盒子，絕不是隨便一個擺放東西的容器而已。
如果在古董市集裡擺貨，卻連這點也不懂的話那真是匪夷所思了。我可絕不敢跟這種店家買東西哦。

07

何謂「仿作」？——模仿得維妙維肖可就有點意思了

在器皿跟道具的世界裡，我們也常聽到「仿作」這個字眼。這是臨摹幾十年或幾百年前的作品，把形體、尺寸跟圖案各方面都模仿得維妙維肖。有些仿作上，會清楚地寫明仿作兩個字，有的則不會。但就算沒寫，內行人一看也知道「哦，這是某某人的仿作。」尤其模仿的如果是極為有名的創作者時，通常不會寫上「仿仁清」或「仿乾山」之類。因為，就算寫成了「乾山鐵繪四方向付」或「仁清菊向付」也沒有人會誤以為那是真正的原作啊。毋寧說，如果臨摹的是乾山、仁清這一類大師，會乾脆把「乾山」跟「仁清」當成是一種風格的名稱，直接稱為「乾山武藏野皿」或「仁清繪替中皿」等。
被臨摹的作品在日文裡叫做「本歌」，而會被臨摹的，當然不是國寶就是重要文化財了，總之是能被保存到後代的名作，不然臨摹這些要幹嘛呢？如果有人說：「這是天龍寺寺寶『天龍寺青瓷』的仿作。」那就表示這東西有一定的價值。世上若沒有值得臨摹的「本歌」，也就不會有隨之而來的「仿作」了。

人類也是這樣，如果說「那個人長得很像石原裕次郎耶」「長得很像奧黛麗・赫本」，言下之意，當然是說對方長得不錯囉，聽的人也會好奇「哎唷，那我也想去看一下。」但如果跟你說「有個人長得很像隔壁老頭耶」，你會想看嗎？恐怕沒興趣吧。

不過，如果把如假似真的仿作當成真品來高價賣出，那就成為「贗品/假貨」了。以魯山人的日月碗為例好了，做得維妙維肖的話，那只是「仿作」而已，但如果學魯山人在上頭寫個「口」字畫押，那就是贗品囉。

08

何謂「蟲蝕」？——可不是被蟲咬了！

有些器皿是所謂「有蟲蝕的器皿」，這些大多以中國明代的古件為主。雖然稱為「蟲蝕」，但不是真的被蟲咬了唷，因為這麼堅硬的東西，蟲怎麼咬得下去嘛。

蟲蝕這種現象，是在窯燒時，淋在器皿上的釉藥跟胚體（胎土）的收縮率不同而發生的。器皿邊緣的釉藥因為收縮得太過頭了，使得底下的胚體露了出來，結果有釉藥的部分雖然光滑柔煦，但沒有釉藥的地方則好像是剝落了、掉了釉藥一樣。這種部分在經過了四百年這麼長久的歲月後，會變得烏黑濁暗，好像被蟲咬過的痕跡一樣坑坑疤疤。不過，這正是現代的東西模仿不來的特點，有一股獨特的韻味呢，因此茶人之流的特別珍惜，把它當成是一種景致來欣賞。要是有人說「這是明代的蟲蝕古染付」，哇！那可是不得了的好東西了。不過，被當成蟲蝕來欣賞的只有邊緣的坑坑疤疤，如果是其他窯傷等原因所造成的污損，就不能當成蟲蝕來珍藏了。

講到蟲蝕，偶爾會聽說哪兒的料亭拿出個蟲蝕的器皿來待客，結果被客人嫌：「怎麼會拿出這麼破的東西來？」其實，如果客人直接說：「這裡是不是髒了？」店家也可以趁機說明：「這不是髒損，這是……」但就怕客人不悅在心，什麼話也不說就走了，那麼店家特地拿出這件器皿的心意也就白費了。所以要拿這種蟲蝕器皿來待客啊，也得挑客人呢。

09

把「蟲蝕」漂白——這麼做真的好嗎？

我很喜歡明代古染付那種藍得難以言喻、每件都不太一樣但卻反而更有味道的彩繪，所以一直在蒐集大小、圖案相同的小碟子。這些年來，我四處請託古董店，就在店家幫忙留意「來了五件唷」「來了三件」……的蒐集下，也蒐集了差不多有一百件。有了這一百件小碟，餐宴時很好搭配，平日在店裡使用也很方便。

不過，現在我要說的這件事，僅限於在書中分享，千萬不能被古董界跟日本料理界的先進知道，不然可能會把人家嚇壞吧。我啊，其實把這些到手的古染付全都用漂白水洗過了一次。因為既然是明代的古件，不免有點髒污，除了前述的蟲蝕外，高台的地方也會帶些突刺的沙子。因為從前的技術還沒那麼進步嘛，燒製時得把器皿放在沙子上，以免膨脹係數不同而使器皿破裂。但這麼做的話，底部一定會帶沙。可是呢，這些東西如果漂白過一次，原有的蟲蝕跟高台的銳刺感仍然會在，但污濁的地方就會變得白一點了。

這當然只是我個人的喜好而已。舊有舊的美，但又舊又髒可就不成了。我說明代古物又舊又髒，這可能會引人不滿，不過老實說，來用餐的客人裡究竟有多少人懂得這時光的暗濁之美？不懂的人根本佔了壓倒性的多數吧，而這一些客人看見器皿上髒髒的，心裡會怎麼想呢？大概會嘀咕：「怎麼不太乾淨啊？」少數中的少數才會覺得「噯，真是雅緻。」我蒐集這些小碟本來就不是為了要展示用的，也不想拿來炫耀說我手上有些好東西唷！我只是喜歡拿它們來盛放食物時的感覺，所以我也希望客人用這些器皿吃飯，能夠心情愉快。

有些人可能會覺得，那你就別用老件，找些現代的伊萬里或九谷燒新染付不就好了嗎？但我就是喜歡明代古染付的古味嘛！所以才拿來用呀。各家料理店都有各自的用法，這樣不是很好嗎？

10 何謂「金繼」？——別破銅爛鐵也拿去補啊！

修理器物的方法裡，有一種叫做「金繼」的手法，許多古老的陶瓷器物都會用這種方法來修理。只要不是破得粉碎，裂縫還算乾淨的話，就可以先用漆料黏起來、再噴灑上金粉研磨。說起來，這種手法跟漆器的蒔繪（譯註：日本漆器工藝，先在器具表面用漆描繪出各種圖樣，再噴灑金粉或其他色粉，使其顯色）很像。有些東西會盡量用跟器物相近的顏色來補漆，讓它看不太出來，但金繼這種手法，則刻意強調「這裡修補過囉」以呈現出另一種美。而當別人看到金繼的痕跡時，也會了解「這東西雖然舊，但很受主人珍惜呢。」

不過，最近實在太常看到一大堆金繼的東西了，好像是市面上開始買得到自己金繼的工具組、也有些類似的產品可以用粘土修補。老實說，我不是不能了解這種心情，東西壞了就丟有點可惜，一樣樣拿去補卻又太花錢費事。不過不是什麼東西都應該補，尤其是料理店。除非這項器具真的有那個價值，否則東補西補只顯得店家寒酸過了頭。

以一個五十人的餐宴來說好了，當餐具一字排開的時候，如果向付（譯註：懷石料理中，放在托盤上的飯碗或湯碗正前方的小碟，主要用來盛裝生魚片或其他小菜）用的是古染付，那麼當中有一兩個金繼過的當然是很自然的事，而且反而有另一種風情。但如果五十個小碟子裡竟然有幾十個都補過金、或是同一道菜就用了兩、三個金繼的碗盤、甚至連生魚片的醬油碟也是，那還真讓人受不了耶。簡直就像是個滿口金牙的大叔一樣低俗。所以呀，什麼事都有個限度呢。

11 「原創品」也有區分

市面上所謂的「原創品」其實有各種不同，因為每個人的創作方法都不一樣，沒有什麼非遵循不可的道路。有些人從選土、塑形、繪製、上釉到窯燒的過程全部一手包辦。也有些人只負責繪製，其他都交給徒弟來處理。更極端一點的，恐怕只決定一個大方向，比如說要用什麼土、做成什麼形狀、畫什麼圖，最後自己只要負責押章就行了。但就算這樣，這還是這位創作者的作品唷。所以，連同這種類似監製的手法在內，所謂作品屬於誰的這個問題，我想只要能反映出誰的概念與創意，那就是誰的作品。

不屬於「原創品」的，則通常分工分得很細，例如陶瓷就分成了拉坏師傅、上繪師傅，漆品則有坏體師傅、上漆師傅、蒔繪師傅等，各有專攻。不過這種分工極細的情況時，很少會在作品上反映出製作者的思想，通常只會按照訂單的吩咐說「請做成這樣這樣」，師傅就做出對方要求的作品來。

如果創作者擁有比較大的工房，通常會把作品區分成以自己名義出品、以及以工房名義出品的作品。例如京燒的名家宮川香雲先生，就會在自己的作品上寫上「香雲」兩字，至於由工房徒弟製作的作品，則寫上「龍古窯」的窯元名號。這大概就像是限量版跟普及版，當然價格也是天差地遠囉。

12

你用的筷子適合自己尺寸嗎？

日本人很重視筷子。各人有各人的筷子，吃飯時就把自己的筷子從筷盒裡拿出來，用完餐後再洗乾淨，收回筷盒裡，這樣一路珍惜、使用下來。有些人連出國時都要帶著自己的筷子出門。我小時候每到過年時一定會收到新筷子跟新內衣，因為小孩子長得快，一年就變化好多了，所以每年都要配合身材選用不同長度的筷子。

我們查看很多書籍資料會發現，筷子的長度最好是「一咫半」左右。「咫」是日本從前就有的長度單位，定義上則有各種說法，有的說是「把大拇指跟食指呈九十度，從大拇指指尖到食指指尖的對角線長度」、「手張開時，從中指的指尖到大拇指的指尖長度」、「從手掌下方到中指指尖的長度」。我們測量長度時，不是常會把手指打開，像蜈蚣一樣移動嗎？要量長一點的距離時，也會用腳步來估算。重點就是，這種一咫半的筷子用起來最合適，看起來也優雅。您想想看嘛，身高一百八十公分的男子漢跟一百五十公分左右的嬌小女性，他們用的筷長怎麼可能一樣呢？

13

最棒的筷子，是特地為一個人削的筷子

筷子原本就是專為某個人、在那一次使用時特地削的。有客人來時，當天就為那位客人削一雙筷子。這是最誠摯的待客之道，也是日本的文化。市面上雖然有各種高級產品，諸如輪島漆的筷子、象牙筷等等，可是錢不是重點，重要的是盈滿在主人心中的那一份待客的心意。為了對方而親手削出一雙兩頭尖細的赤杉筷，這樣的筷子是最棒的了。茶懷石時用的利休筷就是這種筷子，只在那個場合上用那麼一次，完全是「一期一會」的體現。

最近大家都說小孩子愈來愈不會拿筷子了，這不免讓人擔心，要是家長再不幫孩子用心挑選適合的長度與材質，並且教小孩怎麼使用的話，將來我們就真的看不到什麼正常的用筷方式了。只要到筷子店一看，就會看到各式各樣的筷箸，有男性用的、女性用的、兒童用的，材質跟尺寸五花八門。有這麼細膩優雅的文化，怎麼可以不好好重視呢？有機會的話，請務必到筷子店去探一探，一定會有許多收穫。

14

手持器皿吃飯，正是日本料理的原點

日本是榻榻米文化，雖然現在大家都坐在椅子上、把飯菜擺在餐桌上用餐，但在幾十年前而已，大眾仍然直接坐在榻榻米或木地板上吃飯。一般家庭裡用來當成餐桌

的矮桌，則是從明治到大正時代才普及開來的產物，歷史並沒有多長。而在那之前，有很長一段時間，日本人都把自己的箱膳（收納自己餐具的箱盒，也可當成膳檯使用）擺在地板上進食。當然，身分高一點的人用的可能是有桌腳的膳檯，但一般身分地位的人、或在更早遠一點的時代，大家都直接把碗盤擺在地上就吃了起來呢。就好像我們常在古裝劇裡看到的一樣。

不管是擺在矮桌或地上，餐盤都距離嘴巴很遠，不容易就口。所以用餐時，一定會拿起餐盤，用筷子夾起來。如果喝湯的話，就把碗端近嘴邊。這種用手拿餐具的行為，正是日本特有的飲食習慣，而這也影響到了餐具的尺寸與造形。大家在了解日本料理時，不妨把包含禮儀在內的各種相關背景都考慮進去吧。

15

連器皿也有性別之分的，大概只有日本吧？

日本的器皿，基本上大多都必須用手拿取使用（請參照前一項），所以漆碗的大小也男女有別。直徑上，男生是四寸（約十二點一公分）、女生是三寸八分（約十一點五公分），這是碗的標準尺寸。如果想製造出豐盛感，可以用稍微大一點的碗，通常以直徑四寸二分（約十二點七公分）為標準。一般我們在茶懷石時所用的煮物碗（譯註：盛裝湯品的碗。煮物碗為懷石料理中的主菜，湯色重清澈，碗也較一般湯碗略大，多使用漆器）也是這種大小。陶瓷比漆器晚了很久才問世，所以漆器的大小就成為往後各種器皿的標準尺寸了。

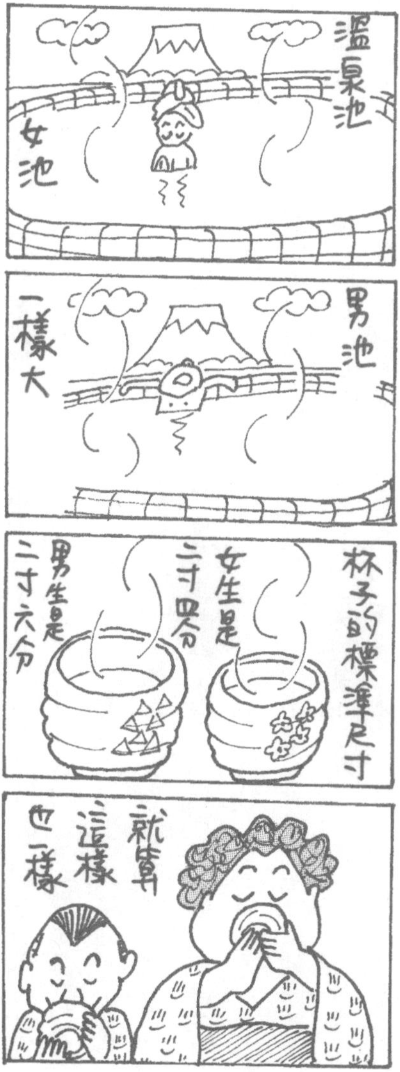

講到陶瓷，以茶杯來說好了，這種東西一般以單手拿取，所以尺寸會比碗小上很多。標準上，男性用的杯子通常是直徑二寸六分（約七點九公分）、女性是二寸四分（約七點三公分）。這個尺寸通稱為「握拿尺寸」，只要是用單手握或拿的，不管是杯子或任何東西都可適用。例如裝茶葉的茶筒好了，如果尺寸大於二寸六分就很容易滑落，所以一般都做成這個大小。我看，這種連器具也會出現性別之分的文化，全世界大概就只有日本囉。

說到日本的茶杯，由於沒有把手，大家應該都是用手包覆著拿取吧？這種時候，我們感受到的土器（陶器）跟石器（瓷器）的溫度感就不一樣了。如果在石器裡倒進熱滾滾的液體，根本沒辦法拿取，因此裝番茶（譯註：一種日本綠茶，以較老的茶葉製作，因此單寧酸較高，一般作為焙茶使用）的茶具一般都使用土製品。大家都說番茶要用滾燙的熱水泡才好喝嘛。可是裝煎茶（譯註：日本最常見的一種綠茶，蒸燻後將茶葉揉捻成卷狀焙乾）的茶具就可以用石器來泡了。玉露（譯註：一種高級煎茶，收穫前會以黑網遮擋陽光。甜味與香氣較濃）用的熱水溫度大約是五十到六十度，這種溫度我們可以直接用手拿沒問題。至於紅茶，雖然也是用滾燙的熱水泡，但由於紅茶杯一定有把手，所以完全可行。說來還真設計得不錯呢。

16

「借物」借得巧不巧？——①不能穿禮服去盆踊吧？

「借物」是指把東西用在原本的用途之外，以展現個人靈活的品味。在料理界裡也常看到這種手法，有些會讓人覺得真是用得巧啊！有些則實在是不甚了了，例如把

天目茶碗拿來裝泡菜、把黑樂抹茶碗拿來盛飯一樣。用的人也許有不一樣的想法，但若要我來說的話，我會覺得這就像是夏天御盆節（譯註：盂蘭盆節，相當於華人社會的中元節。盆踊則是盂蘭盆節時跳的舞）時，不穿浴衣、而穿訪問著（譯註：日本女性和服的一種）去跳盆踊似的。訪問著是很正式的禮服呢，也就是說，做事情要配合場合。

天目茶碗是在款待身分真正崇高的人時，獻上抹茶用的，還得擺在一種叫做天目台的專用盞托上。至於黑樂茶碗，也是在正式場合上，泡濃茶的高級茶碗，如果只是以形體仿製高級茶碗的日用品來裝菜，那還無話可說，但若是用這麼高級的茶碗裝泡菜或盛飯，那無疑是穿訪問著跳盆踊、穿睡衣打領帶，顛三倒四、貽笑大方囉。

17

「借物」借得巧不巧？——②瑪麗皇后的牙籤？

上一節裡我們也說過，借物借得巧的話總叫人眼睛一亮，但借得不巧的話，就弄巧成拙了。因此得要特別小心。

比方說，如果你看到外國人把日本的長襦袢（譯註：穿在和服下的衣物，有點類似和服的內衣）當成睡袍穿，開心地歡呼：「噢耶，Japan！」你會有什麼感受？儘管對方開心得不得了，但看在日本人眼裡就是覺得好像看到了什麼老片裡的妓女院一樣，噁心死了。又或者，把古時候那種蒔繪的蹲式便池的前檔擺在床之間（譯註：和式房裡在靠牆處擺放掛軸、裝飾花卉的小空間，略高於榻榻米，是格局最高的空間）裡裝飾，就算那東西再怎麼有藝術性，畢竟是擺在和式便池前方的一塊遮蔽物，怎麼能拿來裝飾床之間呢？但最近就是會看到這種奇怪的借物方式。

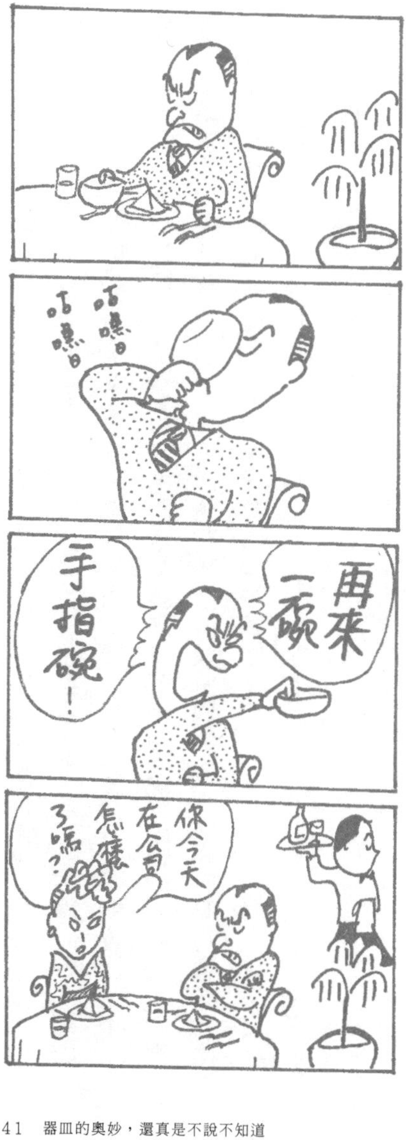

也有些例子剛好相反，比如說，有人說：「這是法國瑪麗皇后用過的銀牙籤哦。」你也不能因為說「那乾脆把這拿去串西班牙小點心 pincho 吧！」就照辦。因為照辦的話，誰吃得下去呢？或許不要舉這麼極端的例子好了，我想有些人可能會因為不了解典故，而不小心就把十八世紀的洗指碗拿去裝向付或小碗的飯。懂的人看了，心裡難免會疑惑：「我是做了什麼，要這樣懲罰我？」或憐憫對方：「哎呀真可憐，什麼都不懂。」其他類似的例子，大家應該都看過很多吧？

18

香合跟珍味盒是不同的器具

茶席上的各種器具裡，有一種叫做香合的東西，是用來擺放聞香用的香料的小容器。很多人可能會覺得這很適合盛裝精緻一點的小菜吧，因此會拿它來裝「八寸」（譯註：懷石料理中用來盛裝精緻冷盤的器具，或指涉這樣料理。同時使用山裡與海裡食材，做成山珍海味）。不過，懂得茶道的人看到擺香的東西被拿來擺食物，還是會覺得有點怪怪的。

如果真的要擺食物，應該要用珍味盒（譯註：珍味入れ，放置精緻高級食材的小器皿）。

咦，珍味盒跟香合不一樣嗎？長得不是一樣？沒錯，珍味盒跟香合完全不一樣呀。

把蓋子打開來看就知道了。香合的盒身邊緣上通常會有很深的凹槽，這樣當我們把盒蓋垂直放下時，就能緊密闔起。可是一般來說，珍味盒的設計則應該完全相反。因為有些人會想品嚐珍味盒裡的醬汁，所以為了方便就口，盒身的部分不能設計凹槽。當然，這也要看裡頭的料理來決定。不過，珍味盒的溝槽應該是做在盒蓋上，讓盒蓋與盒身鑲嵌。

有些人的確會用香合去裝食物，不過如果把香合拿來用在料理上，我想難免會出現一些問題。請謹記這一點，香合跟珍味盒其實是不同的容器。

第
2
章

22.故意讓生客緊張的人，其實什麼也不懂。

風雅的料理店禮儀

19

背對著人脫鞋很失禮

有些人不是會在料理店的玄關，背朝著室內脫鞋後再走上玄關嗎？那怎麼看都很奇怪耶。玄關原本就應該是大大方方直接走上去的地方吧？用屁股對著人脫鞋反而失禮。

平常我們去別人家時，會朝著室內脫鞋，然後再轉身去彎腰把自己的鞋子擺好，挪到一旁去。這是應有的禮儀沒錯。可是料理店的玄關有專門的擺鞋人，擺鞋不是客人的工作，甚至客人也不應該這麼做。有時候，玄關的服務生明明指著脫鞋石請客人：「請從中間上去，這我來就行了。」但客人還忙著推讓：「那怎麼好意思呢？」然後蜷縮在角落裡鬼鬼祟祟地脫鞋。有些客人還會忙著把鞋擺到角落，自以為很懂禮儀呢。我都想說，噯，那是擺鞋人的工作吧？請照著服務生說的，大大方方地走上玄關！這才是真正懂得看情況的表現。

如果對方沒請你上玄關的話怎麼辦？那就是店家的不對了。不過至少在有擺鞋人的店裡，一定要大大方方地把鞋留給別人擺。因為就料亭的角度而言，絕不可能讓客人自己擺鞋。
另外還有一種難看的景象也常發生在玄關。「您先請。」「不不不，您先請。」「這怎麼可以呢？您先請！」哎唷，讓來讓去的，誰先上來都無所謂啦，快一點啦。

20

赤腳跟穿靴子還是能免則免

最近有很多年輕女性（偶爾也有男性）不穿襪子，日文裡把這種打赤腳的行為稱為「素足／Nama-ahi」。打赤腳走在榻榻米上時會發出啪躂啪躂的聲音，要是腳汗嚴重的話，還會在榻榻米或木地板上留下腳印。這種情況若是當事人覺得無所謂的話，店家當然也無話可說，可是老實說呀，這種行為一點都不酷耶。

如果有人已經先赤腳在地板上留下了那樣的痕跡，你又赤腳走過，不會覺得不舒服嗎？而且自己的腳痕留在大家都必須使用的走廊上，怎麼可能會不覺得害臊呢？像這種情況，如果客人來店裡時雖然沒穿襪子，但在玄關說聲「失禮了。」然後從包包裡拿出輕便的足底襪之類的東西來套上，接著才走上玄關，這種客人啊，就讓人覺得很上道。

還有一種情況也有點尷尬，那就是冬天的靴子。靴子這種東西在從前的日本文化裡頭是沒有的，只要穿上了，就得穿一天，直到睡前才脫下。所以這種鞋子原本就不是在人前穿穿脫脫的產物。但最近日本不管阿貓阿狗全都穿上了靴子耶，有時候還會穿到料理店來，但這種時候，穿靴子的人可就尷尬了。因為大家輕輕鬆鬆就把鞋子穿穿脫脫，只有穿靴子的那個人一臉尷尬地在跟靴子搏鬥。好不容易才脫下來，靴子又啪——地坍成了一團，實在不好看哪。

所以讀者朋友如果打算到榻榻米式的料理店去，請記得，一定會碰到需要脫鞋的

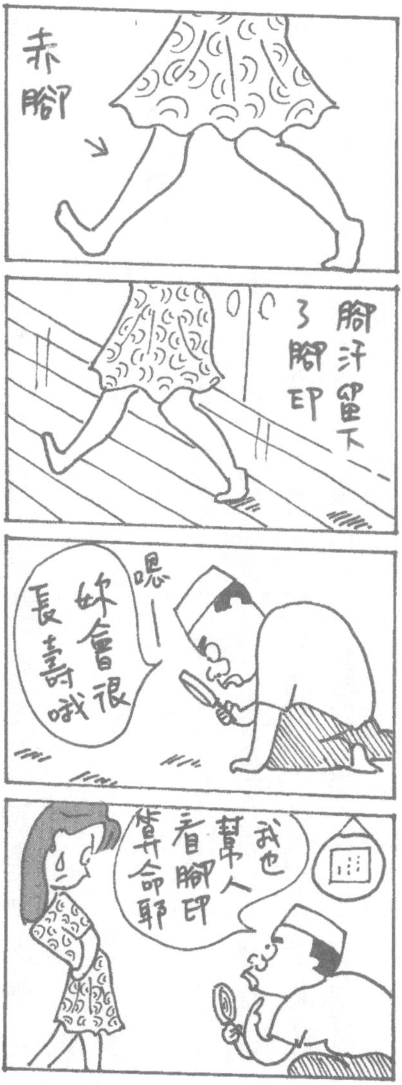

情況。留意自己的腳下穿著，絕對是為了自己好。如果是去自己把鞋子擺進鞋櫃裡的居酒屋，那倒是無所謂了。

21 嚴禁刺鼻香水

身為店家，不敢說客人這樣子不行、那樣子不行，但最近實在有些客人太難以置信。有些歐巴桑團體來了吧檯用餐，正以為她們已經用完了，沒想到直接就拿出了化妝包，張開血盆大口「啊——」地塗起了口紅。我真想說，喂喂，我們還站在吧檯後耶。

另外還有一種很讓人受不了的，就是刺鼻的香水。如果是去法國餐廳的話，那根本無所謂，可是在日本料理店就不行了。當然，如果是坐在料亭裡的包廂還好，不算不可原諒，但若是坐在吧檯前那可就糟糕了。只要有一位滿身香水味的客人，那其他客人就得遭殃。

最近不分男女老幼，大家一定要擦點香水呀擦點髮油啊，要是歐巴桑的刺鼻香水跟歐吉桑的刺鼻髮油味混在了一起呀，那真是最慘烈的情況了。客人回家後，吧檯還會留下強烈的味道，一聞就知道「哦哦，剛剛那位歐吉桑坐在這裡嘛。」

清淡的香水還好，但有時，有別的客人碰到其他客人的香水味太重時會問：「能不能想點辦法？」我也碰過有客人說：「不好意思，可不可以換個位子。」這種時候，如果當事者完全沒意識到自己給別人帶來了困擾，店家也不曉得該怎麼辦。所以，到

日本料理店或壽司店之類的地方時，請記得為別人著想唷。

22 故意讓生客緊張的人，其實什麼也不懂

曾經有人說，如果去板前割烹店時，吧檯前正好坐著一看就是行家的人，會讓人有點壓力，簡直比去料亭吃飯時還緊張。其實這完全不必要，因為那些會故意讓人覺得他很懂吃的人，其實什麼都不懂，絕對是個假內行。

這麼說好了，比方說今天有個年輕人送食材來，說：「這是在明石捕的鯛魚。」假內行就硬要刁難人家一下：「這我當然知道啊。」「是明石的哪裡？」接著又說什麼：「我就說嘛。」一副自己對料理簡直無所不知的樣子。其實啊，真正懂吃的人才不會這樣呢。他們平時對食物沒那麼專注，大家都開開心心地跟朋友吃飯聊天，吃完了就回家。

所以在懂吃的人旁邊一點也不會緊張，反而是那種裝模作樣，擺出一副跟店家很熟、對食物很瞭解的人，才會讓偶爾到日本料理店吃飯的人感到壓力。不過，如果一家店產生這種氣氛，店家本身要負很大的責任。

因為一家店要是全部都是跟老闆聊得很熱絡的熟客，那這家店就不行了。說到底，這種店本身就有那樣的氣質。客人像親衛隊一樣，一天到晚捧著老闆說「好厲害哦好厲害哦！」私底下也跟店家有所往來……其實，真正一流的店，吧檯後的人一定會跟吧檯前的客人保持一條不可踰越的界線。否則就不是一流的店家了。

23

上位、下位的基本原則——床之間的前方是王位

日本人應該都還滿注重上、下位這種事情。以和室房來講，通常床之間前方的空間是整間房裡最尊貴的地方，接下來是離出入口最遠之處。有時我們會看到一間房間裡同時有兩個床之間，那麼這時就要以床之間的格局來判斷了。如果其中一個鋪著榻榻米、另一個鋪著木地板，那麼鋪榻榻米的格局就比較高。如果其中一個高度比旁邊的榻榻米略高，那麼它也比較重要。空間比較寬敞的床之間，格局也比較尊貴。大約如此，應該一眼就能判斷。

以感受上來講，我們雖然會覺得欣賞得到庭園的位置比較舒服，但正式安排座位的尊卑時，還是要以床之間為準。如果房裡沒有床之間，則以距離出入口的遠近為準。

再不行的話，則以景致好壞、位置看到的景觀有沒有比較好、離空調機器遠不遠等其他因素來判斷。最不會出錯的，就是直接問店家「哪裡是上座？」如果嫌這麼問太直接，也可以問：「應該請客人坐哪裡比較好？」

24

上位、下位的基本原則——①情侶同坐時

最近來日本料理店用餐的情侶檔愈來愈多了，有時候仲居桑（譯註：仲居是傳統旅館或料亭裡待客的女服務生）進去和室裡，發現女性竟然坐在床之間的前方，不免會覺得「咦？」，我想跟女性朋友說的是，現在的日本畢竟仍舊是男性社會，傳統上也向來如此，而且不管怎麼說，女人坐在上位看起來就是不聰明。我不曉得這些男性是因為女士優先、或身為請宴的主人，不好意思坐在上位還怎樣，但如果女性朋友有點手腕的話，不管對方再怎麼說，還是會堅持：「不不不，這裡是日本料理店，還是照日本風格來吧，不然人家會覺得我失禮。」堅持請男士坐在上位。畢竟話這種東西是看人怎麼說的。但有種情況就例外了，例如女士很明顯是位年過不惑的茶道老師，而男性則是年輕的和服店員，那這時的上、下位準則當然就完全不同囉。

25

上位、下位的基本原則——②多人同坐時

當人數較多時，上、下位的情況就比較複雜了。我們不是常看到很多人並坐在床之間的同一側嗎？在房間的配置跟座位安排上，並沒有一定的規則，要看情況，可以

讓大家離床之間近一點、離出入口也不太遠，或者如果想要談話方便的話，也可以把位置安排在中央。雖然不至於要神經質到留意不讓合不來的人坐在一起，但接待客人時，還是問一下店家的意見會比較好。店家通常也會說，那麼這種情況的話，我們就如此如此安排之類，給客人一點建議，也會多少照應一下。要是座位怎麼樣就是安排不妥貼的話，店家也會幫忙換個房間或是改一下桌子的擺設。總之，招待客人時一定要好好地安排座位，並且跟店家打聲招呼比較好。

26

步行優雅，別踩上榻榻米鑲邊跟門檻

最近「和風」席捲日本，年輕人不分男女也都穿起了浴衣或和服。既然穿著和服了，就遵守一下基本的禮儀吧。當然也不是說不穿和服時就不用在意這些，不過穿著和服更令人在意嘛。

首先是踏進和室時，最好別踩在那個門檻上。人家不是說：「我再也不會踏進這個門檻了！」所以門檻這種東西從以前就是踏過的，而不是踩上去的。

再來是榻榻米的鑲邊，那個最好也別踩。平時我們如果不是參加茶席等正式場合的話，不需要這麼一板一眼的，不過，走路時如果能留意這一點，走起路來也會特別優雅。只是太緊張兮兮的話，走得像運動會入場時的運動員一樣就不好看了。所以還是保持平常心，盡量留意就行了。

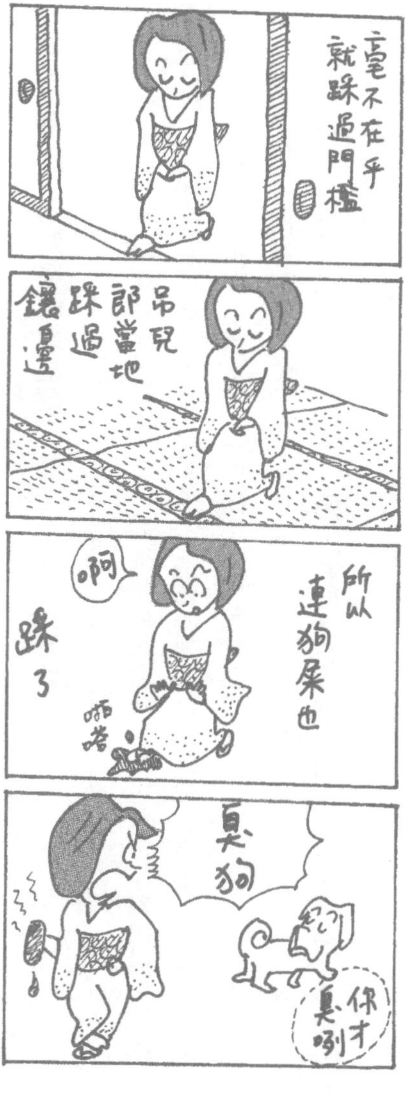

27

不要被人說連座墊的規矩都不懂——①座墊的前後之分

現在和式座墊（座布団／Zabuton）的種類愈來愈多了，尤其是家庭用的，更是各種材質、尺寸跟形狀都有，有些還會套上墊套。不過日本傳統的座墊一定會有固定尺寸，這跟被子（布団／Futon）一樣都是將棉花打鬆後塞進去的，所以在正中央跟四個邊角上，會用針線把裡頭的棉花與外頭的墊套縫在一起，縫合處則會留下鬚狀的綴飾。外頭的布料（絲、麻、棉布等）跟裡頭的棉花厚度，則又分成了夏用、冬用、客用與自用的種類。

前幾天，我們店裡的女將（譯註：老闆娘）請新來的年輕女服務生把大和室裡的座墊排整齊，聽說座墊排得亂七八糟的，前後不分。女將只好一樣樣教：「座墊是這樣、這樣，邊緣沒有縫線、鼓起來的部分（譯註：在日本稱為「輪」）要朝前擺。」結果新服務生聽了嚇一跳：「座墊還有分前後啊？」原來，現在的小孩子在家裡都不用座墊了，所以不曉得了，這讓我們也有點驚訝。不過既然是從事日本料理相關行業，這點小常識一定得懂。另外，座墊的形狀也不是正方形，而是前後略長的長方形。正中央的綴飾一定要朝前擺放。

28

不要被人說連座墊的規矩都不懂——②座墊不能踩

再來，我們要來談談座墊的坐法。使用座墊時，千萬別站在座墊上，更別說從座

墊上踩過去了。無論男性女性，基本上都不能用腳踩座墊。也盡量別從上方跨過，特別是女性。當我們去別人家作客時，如果主人請我們坐在座墊上，我們必須先把座墊挪到一旁，躬身示意。接著再從座墊的後方，雙膝稍微跪坐在座墊的後半部，以手撐著座墊兩旁，挪移身體兩、三次，把身體挪到適當的位置，這才是正確的作法。

有些禮儀書教人可以從座墊的旁邊跪坐到座墊上去，但我還是偏好從後頭謙恭地跪坐上去，因為這樣比較好看嘛，穿和服時的動作也比較自然。

我們時常看見在宴會之類的場合上，大家齊聲歡呼時，全部的人竟然都站在座墊上，最後，甚至演變成全部的人都從座墊上踩過去的景象，哎呀，那真是讓人有點受不了。就算場面變成那樣，大家也可以先把座墊往旁邊移一下嘛！另外，當長官或前輩要幫你倒酒時，一定要把座墊挪到一旁，跪坐著接受，這是最基本的禮貌唷。你別看我這樣，我也是體育男呢，對禮節可是囉嗦得很呢（譯註：體育男重視輩分禮儀，強調外放的性格。相對於文化男。）。

29

不能靠在柱子跟牆壁上

有些人一進了和室房，不是就馬上靠在牆壁或柱子上嗎？那看了真叫人心慌啊。如果是新式的便宜建材還無所謂，如果是正統的土牆，那一下子就被靠得受損剝落了。高級料亭之類的地方所用的那種聚樂壁啊，只要是正統做工的話，造價都嚇嚇叫，光是重新粉刷也要花上好大一筆錢。如果受損嚴重的話，更是連粉刷也救不了。

像土牆這種材質，把剝落的地方補起來是不行的，因為整間屋子裡只有那個地方變色，一定要全部重新補修跟粉刷過一次才行。

灰泥牆也一樣，只有背靠著的那個部分會比較亮。床之間旁的壁龕柱也常因為客人靠著靠著，整根柱子只有頭部左右的地方被髮油跟髮膠染得都變色了。由於用了高級木料，店家總是會小心一點嘛，雖然讓客人靠一靠也不至於斷裂，但總是會覺得不捨。

不管是什麼樣的牆壁或柱子，最好都能養成別靠上去的習慣。也別沒事就去摳一下那個牆壁。紙門、拉門當然也都不能靠。在和室房裡，能靠的只有矮椅跟靠手的歇肘几，此外的東西都不行，因為很難看。

30 起碼記得，床之間是很重要的空間

現在這時世啊，很多家庭裡都沒有床之間這種空間了。最近有女大學生來我們店裡時，指著床之間問：「那是做什麼的？」看來，很多年輕人都跟床之間不太熟稔。有時候我們在店裡，也會看到客人把包包或重物放在床之間上，那是很無禮的行為唷。就算房間裡沒有其他空位也一樣。床之間是一個房間裡最尊貴的地方，也是格局最高的上位，所以才會在那裡擺設掛軸跟鮮花嘛。那裡不是放東西的地方，就算只鋪上了木地板也一樣。

說到我去東京時最驚訝的一件事，就是東京人居然把客人的外套放在床之間的地板上，這似乎是因為重視客人的東西才這麼做，不過看在京都人的眼裡啊，這實在是不可思議。因為客人的衣物再怎麼貴重，也只是一般的日用品而已，絕對要擺在下位處。如果房裡剛好有雜物箱之類可以擺放衣服或手提包的淺箱，就把衣物收進淺箱裡，再把箱子拿到下位處去放。雖然同是日本，各地的作法還是不太一樣呢。

31

用完餐後的餐具擺放——擺成原來的樣子絕沒錯

仔細觀察一下，會發現很多客人習慣在吃完飯後，把碗蓋倒過來擺、或是稍微掀開一些。似乎覺得：「這麼做的話，服務生比較容易發現我吃完了。」但老實說，這

種作法最好能夠避免。

因為服務生只要問一聲：「請問用完了嗎？」就會了解情況。而把碗蓋倒過來的話，萬一陷入了碗口裡，不是很難拿出來嗎？有時碗蓋上會有些豪華的蒔繪裝飾，這麼做的話也容易受損或髒污。

另一個比較常見的，則是把醬油碟之類的小器皿擺在向付等比較大的餐盤上，這似乎也是為了方便店家來收走，可是這真的會給店家帶來困擾囉。有些餐具，店家看了都想大叫：「不要疊啊！」比方說今天我們用了年代比較久的永樂燒彩繪來當向付的餐具，上頭精細地畫了些金彩，既然這邊用了瓷器，那小碟子就用陶器吧，可能會選用備前或信樂燒來組合。在這麼細膩的瓷器上，要是客人直接疊上了粗糙的陶器，那還得了嗎？老東西、好東西我們是絕對不疊的。

「請擺成原來的樣子就好了（千萬別多事哪！）」這就是料理店的真心話。

32 料理店的抹茶是特別的抹茶

在料理店用餐時，如果店家獻上了一杯抹茶，請您把它當成是店家特別的心意吧。就拿我們店來說，我們在獻上一杯抹茶時的心情跟平時的服務不同，不然何必特地端出抹茶呢？當我們把抹茶端給客人時，表現的心意不太一樣，這跟用餐之間端給客人的番茶或煎茶不同。

抹茶這種東西原本就是整個流程中的主要環節。為了喝這一碗抹茶，茶會或茶事

時才會先端出食物跟菓子來搭配，為的終究是要彰顯出這最後的一碗滋味。當然，料理店裡跟茶會時還是有點不同，可是我們的確是照著這樣的心意與流程去進行的。這跟給客人喝義式咖啡或美式咖啡不一樣。如果真要追究為什麼，我也說不清楚，所以請讀者就這麼記得就行了。

店家將抹茶獻給客人時，必定會把茶碗轉到正面朝著客人的方向，接著稍微欠身致意。跟之前的用餐過程相比，這包含了比較正式的禮儀層面，因此接過抹茶的客人，也要端正姿勢，在心意與態度上都回應店家比較好唷。

33 喝抹茶時，最好要知道的事——①珍惜器皿

我想，喝抹茶時有不少非知不可的相關禮儀，其中最重要的，就是對於器皿的態度。說穿了，其實這也不過是一片心意而已。不只是喝抹茶時，其他時候您也有可能拿到一個非常高級的茶碗，為了不要讓這些器皿掉落或破損，一定要雙手好好捧著。至於到底應該怎麼捧呢，並不是最重要的問題。要小心的是，不要讓自己身上的一些堅硬物品碰傷了茶碗，像是垂掛的項鍊、鏗鏗鏘鏘的戒指、硬邦邦的手錶等，最好都

要卸下。

然後也不要把茶碗捧得高高的。我們常看到有些人把茶碗捧得高過了頭，從底下端詳碗底，這是不行的，要是掉下來的話怎麼辦呢？而且這跟從人家裙底下偷覷有什麼兩樣？都不是什麼正當的行為。有些人也會這麼對待西式餐盤，這種事最好也不要在西餐廳裡做。

34

喝抹茶時，最好要知道的事——②喝茶時要避開茶碗的正面

當別人招待你一碗抹茶，你在喝時一定要避開正面。我們常見到的一種情況是一邊說「喝抹茶一定要轉三次！」然後拚命轉個不停。其實，轉茶碗的目的是為了要避開正面，並沒有說一定得轉幾次才行。只是轉個兩圈半或三圈的話，通常就能與原來呈九十度，因此大家才會有這種說法。重點在於不要以正面就口，所以如果只轉一次就轉開了也無所謂，要是轉太多次又轉回了正面，哈，那就尷尬了，只有眼睛轉個不停而已。

喝完茶後，也要像一開始接過茶碗時一樣，把茶碗轉回正面朝著自己的方向，好

好欣賞一下這只碗跟它上頭的圖案。最後再把茶碗的正面轉回對方，遞出。重點不是轉茶碗，而是哪邊才是正面。我們轉茶碗或各種道具，都是為了要彰顯出它們的正面。

35

喝抹茶時，最好要知道的事——③先吃菓子

喝抹茶的時候，一定要先吃完菓子。如果吃到一半時茶就已經泡好了，那麼一定要先把手中的菓子放下，跟對方欠身致意後接過茶來。至於接過茶後要怎麼做呢？如果是在料理店的話，您可以繼續把菓子吃完，但如果您本身並不喜歡菓子、或者菓子太多吃不完，則可以擺著沒關係。如果是去參加茶會的話，則一定要用懷紙把吃剩的菓子包起來帶走，這是規矩。另外，絕不可以一邊喝抹茶一邊吃菓子。

說到茶道的作法，其實也五花八門，聽說品嚐玉露等煎茶的煎茶道，就會在喝茶之際享用菓子。煎茶要少量、分成多次泡，所以主人會在第一泡跟第二泡之間把菓子端來。看來流派不同的話，作法大概也不同吧。從前我有一次受邀去喝煎茶，以為跟抹茶一樣都是要先把菓子吃掉，結果鬧了好大的笑話！可是料理店做的都是抹茶，沒有人做煎茶嘛，所以我怎麼會知道？嗳，扯遠了。

其實最丟臉的，應該是什麼都不懂卻硬要裝懂。不懂的話，就大大方方地說「不懂」，讓對方指點一二。不要因為不懂而避免去那樣子的場所，這樣就白白地錯失了學習機會。要放鬆心情，趁年輕時多到各式各樣的場合走走、丟一下臉，像我過了五十歲，還不是一天到晚在丟臉？

36

吃飯時，該拿起來的餐具就要拿起來

我們站在吧檯裡的人，很容易看清眼前客人的吃相。最近我比較在意的，是很多人不會把餐盤拿起，喜歡擺在桌子上，以嘴就碗、駝著背吃。生魚片或燒烤之類的大盤子可以不用拿起來沒關係，但連小碗也不願拿的話，到底是怎麼回事啊？好好地一手拿起，挺直腰桿吃飯的話，不是很好看嗎？

日本料理的餐具原本就是設計成要讓人拿起的，所以我們店裡在供應蒸蕪菁或燙手的蒸類料理時，都會在碗下的墊皿上，鋪塊茶道用來墊在茶碗下的古袱紗，是一種漂亮的墊布。客人可以連著小皿一起拿起來、也可以把古袱紗擺在左手上、把碗襯在那上面也好。但有些客人才不管呢，不管吃什麼都要喊「給我一個湯匙」「給我一個調羹」，那跟在西餐廳裡喝湯不用湯匙、而把碗整個拿起來就口有什麼不同呢？

日本餐食的禮儀之美，就在於如何吃得好看，這些都要靠自己摸索。尤其是年輕女孩子啊，如果吃相難看的話，感覺上人就老了好幾歲。從前的人在家裡會一天到晚囉嗦小孩：「挺直腰桿！」「別舔筷子！」但現代人都不說這些了，難怪會變成這樣。

37

蹺腳、撐臉、吃得像條狗，再熾熱的情愛也幻滅了

最近我們很高興有些年輕女孩子開始來店裡用餐，但有些也挺嚇人的呢。渾身嗆鼻的香水味、戴滿亮閃閃的首飾、穿著坦克背心的胸口低得跟什麼一樣，一坐下來呢，

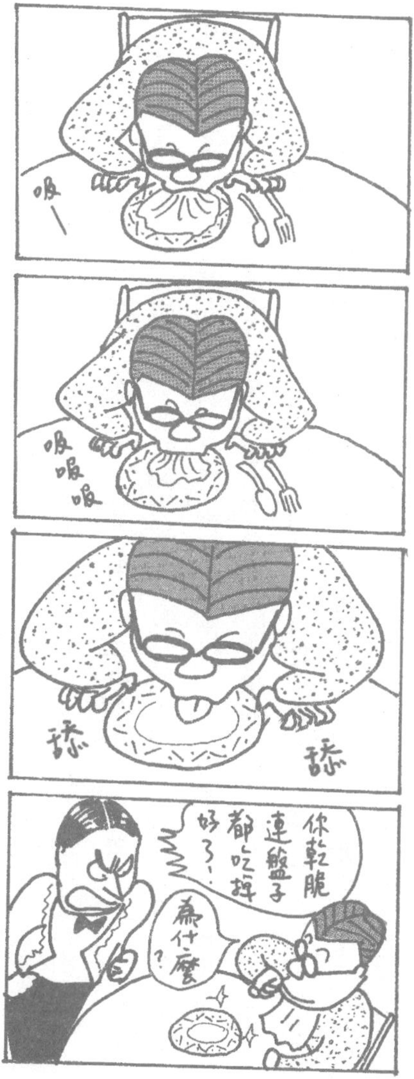

不是立刻蹺腳、撐著一張臉，就是倚在吧檯上，是胸部真的那麼重嗎？不靠著就要垮下來了？您知道我在說什麼嗎？然後把餐盤放在桌子上，撐著臉、吃得跟條狗一樣，我們吧檯後的人真是不曉得該不該看，看了應該也無所謂吧（笑）？

服裝這種事是個人自由，不關我們的事，但就是太難看了，我才會在這裡碎碎唸嘛。那種吃相啊，再怎麼熾熱的情愛看了也會冷卻呀。不過這種問題，大概是現今全日本男女老少都有的問題，也就是吃相不優雅。歐巴桑因為體力變差了，不得已只好靠著吧檯，如果自己不多少有點警覺性的話，不自覺地就會愈坐愈垮。歐吉桑也有歐吉桑的問題，因為歐吉桑喜歡轉過身去跟朋友說話，背就朝著另一頭的人了，這也不行啊。因為另一頭的客人會覺得不舒服。所以大家最好還是面朝著吧檯吃飯吧。

在此我可以提供的一點小建議是，不管您是坐在吧檯前或坐在一般的桌子，可以盡量坐得離桌子近一點，如果坐得太遠了什麼好處都沒有。坐近一點的話，既不方便蹺腳、也不能撐著臉，吃起飯來，姿態也就自然端正了。

38

心意貴在感謝之情——過頭了則令人不舒服

一般來說，日本的收費裡都已經包含了服務費，不用再另給小費。不過有時候我們接受了很棒的服務，想要給點小費來表達謝意，這就是所謂的心意。

日本餐食的禮儀之美就在於
怎麼吃得好看
原來有很多規矩
也不能舔筷子啊
以前都不曉得
也不能用筷子翻負吧？

給小費時要留意，並不是我們給人家小費，人家就會歡天喜地的。就像我們要是收了太多的小費，我們也會覺得自己像是被人用錢賞了一巴掌似的。所以當我們想用錢來表達自己對於服務的感謝之心時，必須小心地掌控金額。

這當然也要看情況來斟酌，比方說婚宴時，說：「這是一點喜事時的心意」，包個三萬日幣讓廚房的人一起沾沾喜氣，那我們當然很感謝。不過就算沒包的話，我們的服務品質也不會改變。但現在有些年輕人，兩個情侶來吃飯就給仲居桑一萬日幣的小費，這對我們來說是一種心理負擔，會擔心「對方是不是搞錯了？不退給他的話，會不會太可憐啊？」

住旅館時也一樣，我從來沒給過五千、一萬日幣的小費。如果是家族八個人去投宿，小孩子吵吵鬧鬧給人家添了很多麻煩的話那情況當然不一樣。只是在一般情形下，小費的金額剛好可以給對方喝杯茶、吃個點心的話，應該是比較妥當的數字。

39 給的方式，也表現得出心意輕重

說到給小費時，要怎麼恰當地表達心意倒也是挺難的一件事。日本不同於歐美，

我們還是不太習慣赤裸裸地收到別人的心意，所以看是要包在小禮金袋裡、用漂亮一點的紙包起來都好。但如果包在大禮金袋裡，那就有點太誇張了。

總之還是要看情況。有時候客人臨時沒什麼準備，說：「這點小心意，請拿去讓年輕人喝點咖啡什麼的。突然麻煩你們，真是太感謝了，我臨時也沒個準備……」這

種作法一點也不會讓人覺得不舒服。直接給總比包在面紙裡好吧，面紙畢竟是擦鼻涕的紙張嘛。心意，心意最重要。對我們服務的人來說，當客人說：「今天又麻煩你們了。你看這個新的小禮金袋，圖案很棒吧，你就拿去嘛。」這種體貼的小心意，我們都銘感在心，對我們來講是最受用的。

第

3

章

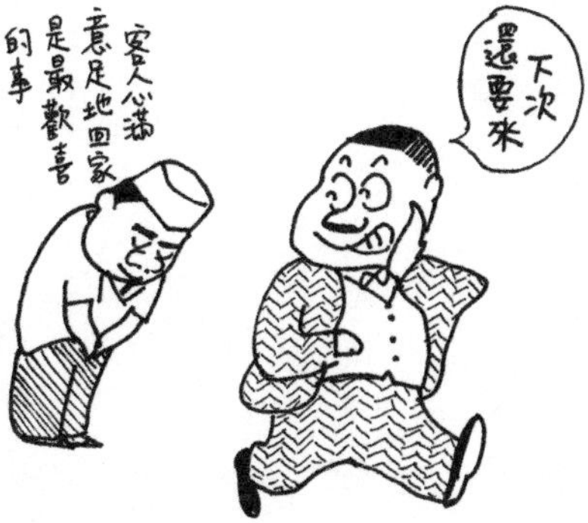
客人心滿
意足地回家
是最歡喜
的事
下次
還要來

45.送客要送到心坎裡

日本料理店的待客服務

40 方便的話，希望盡量多知道一些顧客的資訊

通常客人來訂位時，都會告知店家是為了家族聚餐或請客、是要慶祝或是舉辦法要（譯註：法事）。不過這些資訊對店家來說還不太夠呢。我們想知道的，還包括做東的人有幾個、客人有幾位、女性幾名、幾個外國客人（甚至是從哪裡來）、有沒有年紀比較大的婦女？如果是慶祝，又是為了慶祝什麼（高升、結婚紀念日或七十七歲喜壽）？

以慶祝來說好了，我們也會看情況來搭配掛軸、鮮花跟器皿，製造出合適的氣氛。如果能幫客人盡一點心力、幫上一點忙的話，這是我們料理店最開心不過的事了。

另外如果有討厭的菜、喜歡的菜餚、牙齒比較弱、或是客人裡有一位喜愛器皿的茶道老師等，這些都可以事先知會。不用擔心店家會覺得囉嗦，因為這正是我們想問的事呢。只是怕問得太詳細了，客人會誤以為我們在調查身家而不高興。

像這種需要特別留意的情況，可以大方地在電話那一頭請老闆或老闆娘過來接聽，因為料理店裡，有決定權的人只有老闆跟老闆娘，因此不用顧慮，儘管跟服務人

員說：「請你們老闆或老闆娘過來聽電話。」如果店家不高興，那這種店就不要去了，因為配合客人的需求正是料理店的分內之事呀。

41

以前的增高墊——高木屐

以前的料理人、特別是關西地區的料理人常穿高木屐，為什麼呢？因為以前的廚房幾乎都是三和土地板（用土跟混凝土做成的粗地板），地上水流得亂七八糟的，為了怕溽濕腳底，所以會穿著比較高的木屐。這種高木屐也分成了好幾種種類，從前學生穿的那種粗魯的高木屐，用的是所謂的日本厚朴來做成木屐底下那槓粗厚的屐齒，稱為「朴齒木屐」。至於料理人穿的，則是用橡木做成的屐齒，比較薄，俗稱「板前木屐」。現在雖然愈來愈少見了，但板前割烹店這種在客人眼前處理菜色的料理店，大部分的廚師還是穿木屐唷。

板前割烹店的料理人穿木屐其實有一些特別的原因，除了在出來料理檯外跟客人打招呼時比較好看之外，主要是因為，這麼一來，廚師的身高就能配合吧檯後的檯面高度而調整得一致。當客人從吧檯外一看，會覺得後頭的廚師每位身高都差不多。所以不同身高的人，木屐的屐齒高度也不一樣唷，從兩寸（約六公分）到四寸都有。說起來，這有點像是增高墊呢。

我們料理店裡，總店的廚師不是穿布製的白色運動鞋、就是穿塑膠製的廚房鞋（譯註：專為在廚房使用的一種耐油、耐髒的鞋子）或廚房長靴。兼具料亭跟板前割烹店性質的分店「赤坂」，基本上則以黑色運動鞋為主，也有些人穿雪駄（腳底鋪皮的草鞋）。因為赤坂當初就是把廚房設計成乾式地板、吧檯的檯面也做得比較低，所以不需要穿高木屐。而且我們店裡連板前割烹的分店也設置了座位席跟需要脫鞋的和式座位，所以有時候廚師可能會全部都到座位區去跟客人打招呼。這時候，穿著廚房鞋或廚房長靴一點都不雅觀，就這點來說，黑運動鞋還不會那麼礙眼。但要上脫鞋區時，穿運動鞋就比較麻煩了，所以我們才搭配了容易穿脫的雪駄。

至於專門做成板前割烹的分店「露庵」，則在稍早之前還統統穿著高木屐，但去年改裝時，就乾脆做成了類似赤坂分店的半乾式廚房，吧檯的檯面高度也做得比較低。這麼一來高木屐就不需要了，因此，現在也跟赤坂分店一樣，統統改穿黑運動鞋或雪駄。從實用性的層面來講，今後恐怕是運動鞋的時代呢。

仲居的和服也是服務的一環

我一直在想，料理人的制服要怎麼改得更合理呢（參照第一六二頁，九十三項）？不過在這些制服的更改細節中，並不包括仲居桑的和服。因為仲居穿的和服毫無疑問地是我們服務的環節之一。來菊乃井用餐的客人想要的是什麼樣的服務？我想其中之一啊，一定包含了京都風情，就連東京的分店也一樣。客人如果看到女將或仲居桑穿著和服來，一定會打從心裡覺得「哇，好有京都味唷。」所以這也是我們的服務啊。如果是擺放西式餐桌的店家還無所謂，但像我們這種鋪榻榻米的，實在不適合穿著外放的洋裝。洋裝是從椅子文化中孕育而出的服飾，所以從一開始就沒考慮過萬一得從坐在榻榻米上的客人眼前走過時，應該怎麼辦。榻榻米上的服務，還是穿著從榻榻米文化中誕生出來的和服最合適了，從機能的觀點來看，也是如此。

43

日本料理店裡也要有人穿黑衣哪

我們店裡的仲居桑雖然一律穿和服，但唯有帳房先生穿著西式服裝。總店的工作劃分得很清楚，女將也坐鎮在店裡，所以帳房先生並不需要出來拋頭露面的。但分店

就不同了，露庵跟赤坂店的帳房先生比較像是法國料理店的「黑衣」角色（外場經理。譯註：由於穿黑衣服，在日本業界裡被稱為「黑衣」）。我看網路上有些人說，我們店裡的帳房應該要穿和服比較好，但我可不這麼認為，那個一點必要都沒有。因為帳房不同於服務生，他們的責任是管帳跟接待，也就是管理人員。當女將不在店裡的時候，他們要負責客訴跟掌管大局，所以實際上他們處理的工作並不等同於服務人員，這部分應該要劃分清楚才對。

例如有時候菜上得太慢，這時候黑衣就應該去打聲招呼說：「不好意思，今天廚房上菜比較慢。」或是「老闆說今天六點進來，但剛剛打電話來說要七點才能回來，真是不好意思。」這種時候由黑衣來說，客人也比較容易接受，會比叫仲居桑去招呼好。

我們店裡以前發生過「客人很生氣！」「趕快叫女將去看一下！」結果女將到了現場陪不是：「都是我們的疏忽，請多見諒。」客人卻說：「我們又沒說什麼苛責的話，幹嘛搞得這麼大陣仗啊。」所以像這種時候，客人不滿的並不是仲居的服務之類，他們要的只是管事的人出來說個話。對客人來講，再生氣下去也很難收場，他們也需要有臺階下。而我們店家就應該在這時候讓客人順勢收嚥怒氣。不管在什麼業界裡，由什麼人在什麼時機、出來說什麼話都是很重要的一件事，尤其是在處理客訴時。

44

堅辭反而對客人失禮

有時會看見有些人無論如何非要堅辭客人的好意，這時我總覺得服務的人不夠大氣。客人好不容易才看準了時機，鼓起勇氣來聊表心意，這邊卻說：「真的不用了哦，感謝您的好意。」這怎麼對呢？應該要說：「感謝您這麼費心，那我就不客氣收下了，多謝了。」客氣地收下客人的好意，這麼做才不會失禮，而雙方也會覺得舒坦些吧。

我們店裡偶爾也會碰到失禮的人，可是這時，只要不是太離譜，我們還是會收下客人的心意。雖然心底臭罵：「踐什麼啊？把別人當什麼了？」臉上也要笑笑地說：「謝謝。」不過有時客人真的給得太多，我們也會說：「哎呀這真的太多了，只要給我一張就好，真是感謝您的好意啊。」或「我收一半就夠了。」其餘的則要退還給客人。若非如此收了太多禮反而要在別的場合上回給人家，那事情豈不複雜嗎？不過有一種情況例外，要是客人說：「我付錢給你，但我要在吧檯抽菸。」類似這種情況，我們一定直接拒絕：「錢不用了，請您現在離開。」世界上不是什麼事情都能付錢解決，這完全是兩回事嘛。

45

送客要送到心坎裡

對我來講，要讓上門的客人下次還願意再來光顧，秘訣就在於送客。當然這不是說，當客人上門的時候可以隨便款待，而是說，客人上門了，就代表你這次的業務已經拉成功了，而客人回家的時候，就是你拉新業務的開始。不過客人回家時千萬不要臉笑肉不笑地隨便應付，要問：「請問您對於今天的服務還滿意嗎？」這種時候，剛好是讓客人說出意見或想法的時候，所以，送客時一定要由老闆或女將親自出來送。

比方說，客人可能會說：「今天那個仲居不行耶。」我們就能問：「請問是什麼地方做得不好嗎？」「也不是啦，可是她一直臭著一張臉。還好我今天也不是招待顧客，所以無所謂。」當然，客人也可能說：「今天那個仲居真是太棒了，下次我請客時，也安排她來服務好不好？」這些意見，我們都會馬上反映到內場去，讓下次的服務可以臻於完善。所以客人願意說，我們真的都非常感謝。

有時我們道歉：「今天真是太失禮了，下次一定會改進，請您不要計較，一定要再來光顧呀。」這可能會讓客人願意再來一次。自己說過的話，一定要牢牢記住，絕不能只是口頭說說而已哦，下次一定得做得更好！心底要一直想著「希望客人下次願意再度光臨。」毋忘初心，才是待客之道啊。

46

客人再怎麼蠻橫，也只能說「對不起」

開門做生意，難免總會碰到一兩次不講理的客人，像我就碰過了幾次。這種經驗讓我了解到不管客人說什麼，店家都只能回答：「真的很對不起。」你如果多說什麼，客人總能趁機發揮，所以除了這句話之外，別的真的就不能再多說了。「今天年輕人稍微累了一點……」「你說什麼？所以你們店裡把年輕人操成這樣啊？」「我們已經很小心不要發生這樣的情況……」「所以你的意思是說我說謊囉？」有時候客人罵：「你說對不起，說看看是什麼事情對不起我啊！」我們也只能回：「發生這種狀況，很對不起您。」「那你就展現一點誠意出來！」「請問該怎麼做，才能表現我們的誠意呢？」「拿錢出來！」嘿嘿，這就是明顯的恐嚇囉。就算要鬧上警局或哪裡，我們也不怕呢。不過專業的客訴狂不會笨到這種程度，所以我們也就一路裝傻：「真是不好意思。」如果接到客訴的不是負責人，就要趕快說：「對不起。」然後叫上面的人過來處理。千萬不要意氣用事，或是害怕，那就中了對方的計了。

47

婉拒訂位時，正是攬客的最佳時機！

我常跟店裡負責訂位服務的人說，一定要記得自己在賣的是店裡面的座位。萬一客人想要的訂位時間滿了，一定要提出替代方案給客人：「這時間剛好沒位子了，可是要是幾點幾點的話，我們還有座位。」或「禮拜幾或禮拜幾的話，店裡可以安排。」「如果您禮拜天比較方便的話，那我們哪一個禮拜跟哪一個禮拜可以。」真的是竭盡所能在釣人上鉤哪。不過，我覺得這麼做，被拒絕的客人比較不會覺得不愉快，萬一客人說：「我看一下時間再打回去。」可是卻仍舊沒有訂位成功的話，也不會有「被拒絕」的感受。而且，話說回來，在一億兩千萬的日本人裡居然有人願意來我們店裡光臨，那真是少數中的少數啊！這麼珍貴的客人，怎麼能不想辦法讓他再打一次電話、再來光顧一次呢？料理店這種行業又不能出門跑業務，所以這種時機正是我們拉客的好機會！不趁這個時候拉住客人、要趁什麼時候？所以，拒絕訂位時，正是攬客的最佳時機！

第 4 章

49.合掌對佛壇。敬畏祖先的京都人

來談一談
京都的一、二事吧

48

京都社會依然看重法事

東京人為祖先辦法事時，也許不介意選擇中菜或法國菜，不過在京都，我們依然是以日本料理為主，敝店的營收之中很大一部分就是靠法事在支撐。果然，京都人還是很看重這些世俗事，如果法事不請體面一點的料理店來辦，可能會被親戚笑話呢，這種價值觀還保留著。祖先的法事辦得妥不妥當是很重要的唷，特別是對於出身名門世家的人來說。這感覺上似乎悖逆了時代的潮流，不過我最近有點覺得事情或許就應該要這麼做。現代人嫌法事麻煩，辦的人或請的人都有點不方便，所以漸漸簡化了，可是這也造成了現代都會人愈來愈孤立的情況，不是嗎？我們不曉得隔壁的人到底在做什麼、跟親戚也不太來往，就是這樣才會發生意想不到的案件。人家說下一個世紀是「心之世紀」，也許我們應該要重新製造出一些讓大家相聚的情況跟機會呢。

49

合掌對佛壇。敬畏祖先的京都人。

從前的人很敬畏祖先，不只是京都人而已。我每天都要對著店裡的神壇合掌膜拜，至於換水、換白飯的工作，就交給店裡的年輕人去輪班。至於他們有沒有誠心虔意地合掌請神「保佑我廚藝精進」「今天店裡也平安順遂」，這我就不知道了。因為這種事是個人自由，每個人都不一樣，勉強不來的。

日本人自古以來就是森林的子民，所謂「所有處所皆有神」。說起來，廚師若是不對一切心懷感恩，存著一份合掌的敬念，這樣還真是沒辦法做料理咧。不要問我為什麼，我也解釋不清楚，反正就是這樣。

嫁出門的女兒回家探望時，要先說：「我去佛壇拜拜。」合掌對著佛壇祈禱後，才能跟父母問安，聊些「最近怎麼樣啊？」之類的生活細瑣。如果這樣被教導長大，自然就會這麼做了。

我們從別人那裡拿到了什麼餽贈時，也要先供在佛壇上後才能吃。我常常會忍不住伸出手，小孩子罵我：「這還沒拜拜耶，你不能吃啦！爸又偷吃了。」好丟臉唷，不過我也有我的固定台詞：「咦，還沒拜過嗎？我以為可以吃了呢。」（笑）。

50

為什麼茶屋不接待生客？

茶屋這種地方，就像是出租場地的活動中心一樣，不自己製作餐點，而是幫客人叫菜來吃，看是客人想吃日本菜、西方菜或其他菜餚，請料理店送過來。藝伎眾則隸屬於置屋（譯註：類似藝伎的事務所，負責派遣藝伎到茶屋去工作），置屋會派藝伎到茶屋去款待客人。這些花費稱為「宴會花」，看是兩小時或三小時四萬日幣等等，有一些固定的行情。費用要再加上去程與回程的交通費及時間，有點類似公司的「交通補助」。要是碰到了塞車，那費用又要往上跳了。而這些款項，全部都是事後支付。

換句話說，這是賒帳耶。請您想一下，不管是料理店也好、其他行業也好，有人會接受生客賒帳嗎？所以中間一定要有人介紹才行，萬一這位客人到時候不付錢的話，那介紹人就得代墊了。因此介紹人也就是保證人，絕不能隨便幫人介紹。我也覺得這種賒帳的習慣應該廢掉，改成事前收費不是很方便嗎？把相關費用加一加，先設定一個收費標準，如果不夠的話就認賠、多了就算賺到，如果剛剛好，那就打平囉。

不過這裡畢竟是個守護傳統的社會，這種事，改革起來很難哪。

51

如果想去茶屋的話，該怎麼辦？

想去茶屋見識一下，但是又沒有人可以幫忙介紹……這種時候，或許可以請京都的料理店幫忙唷。通常料理店沒辦法信任只來過一次的生客，可是多去幾次、跟料理店混熟了之後，一般都會幫忙跟茶屋打招呼：「我們的客人某某某下次會去你們那裡，請多關照一下。」不過，萬一茶屋到時候把帳單寄來我這裡說：「菊乃井啊，你們介紹的那位客人留了一張名片，可是請款單送過去被賴帳了耶。」那我就只好摸鼻子付錢了。這一點，可得萬事拜託啊。

來說個笑話好了。以前茶屋的請款單是一年兩次，只有過年跟御盆節時送來，所以一次可以賒帳半年。當帳單來時，是像從前的卷紙一樣，在一條長長的紙張上頭寫著某某大爺敬啟：一、某年某月，多少錢。二、某年某月，多少錢，一寫就一長串，最後再寫上總額，沒有任何明細。所以多少數字都隨便對方填。現在的年輕女將則會稍微寫得詳細一點了，而且請款單也改成了一個月一次或每次消費完後就隨後寄到。想想以前的人居然能那樣賒帳跟請款，從前的社會也還真厲害呀！

52

茶屋禮儀——絕不能做的事

茶屋最討厭的，就是擺出一副「只要我有錢，什麼都可以」的沒品大爺，把茶屋當成了什麼不入流的陪酒場所一樣，不然就是穿著T恤跟破牛仔褲，一副「我有錢，但就是要穿得跟流浪漢一樣，怎樣？」的傢伙。俗話說得好，入境隨俗，既然來到了

茶屋，就穿得平常一點吧。不要既不欣賞人家店家精心擺在茶之間的掛軸、也不看藝伎跟舞伎的舞蹈，一心只想趁著人家倒酒時吃豆腐，這種人哪，小心被喝斥：「你以為這裡是哪裡呀！」

總之，請記得您的行為會變成介紹人的責任。請謹言慎行，別給介紹人添麻煩唷。

53

自我警惕：「京都走到哪，到處都是親戚。」

住在京都這種小地方啊，簡直到處都是親戚。有時候在某些場合上跟同桌的人聊起了今天為什麼到那裡，對方說：「這是我親戚。」「咦，那也是我的親戚。」「這麼說來，我們兩家就是親戚了。」對了，說到這，有次我在某個宴席上，突然有人說：「哎呀，親戚呀，以後要請你多加關照啦。」害我心臟停了一下，原來「您妹妹不是嫁了過來嗎？我姪女最近也要嫁過來……」呵，是這樣啊。

所以說來說去，京都走到哪，到處都看得到親戚。這麼想就沒錯了，只要這麼想就不敢做壞事。有點像是什麼小村小鎮一樣的地方，只要一個人嫁了過去啊，十家都結成了親家囉。結果關係就這麼牽來扯去，每一個人都是你的親戚，你走到哪都怕被人家看見你做了什麼壞事，也就會自我警惕。但現在日本人已經很少會帶著這種警惕意識了。

我小時候常被罵：「你這樣被別人看見了，人家會笑你哦！」「你邊走邊吃要是被誰看見了，人家會說我們父母沒教好！」不過現在，很少有人這樣罵小孩了。說什麼會被笑、會丟臉，其實我認為這種教育是必要的，要從小就教導一個孩子做人的道理，讓孩子深深記牢。這跟單一化的教育、會讓孩子沒個性完全是兩回事。

54

什麼是「京番茶」？

番茶這個名字到底是怎麼來的，有各種說法，有一說，這是將做成玉露等煎茶所剩下來的茶葉渣梗拿來製作成的，所以是番外茶（譯註：番外意指多餘、剩下），我也支持這種說法。這麼說來，各地的番茶應該都不一樣吧，製作方法也不同，總之不是什麼高級的茶葉。如果人家說：「不嫌棄的話，請喝杯番茶。」通常是指說：「抱歉，用粗茶招待。」

因此，京番茶就是京都的番茶了，對我們京都人來說就只是普通的番茶而已。現在京都的番茶，通常是把摘取新芽後剩下來的茶葉跟莖梗拿去蒸青、乾燥，再烘焙。而且還是高溫烘焙唷！因此焙乾得很徹底。莖梗多，所以省略了一般煎茶揉捻的過程，也許是因為這樣，光泡熱水的話味道是出不來的，一定要煮過。外地人好像覺得我們京都的番茶有股菸草味，不曉得是不是因為莖梗離土地近、或是烘焙得比較徹底所產生的獨特味道吧……我們京都人從小就喝慣了，所以外地人說京番茶的味道有點不一樣，我們也分不出來呀。

55

京番茶是最適合搭配餐點的茶飲

京都的每家茶行都有自己的番茶，當然除了番茶外，也賣煎茶等其他各種茶類。每家料理店的進貨茶行都不太一樣，因此每一家料理店煮出來的味道也有點不同。

京都的番茶不能只泡熱水，一定要惡狠狠地滾過一次才行，所以其實用的是煮茶法。很多京都人家啊，早上一定要煮一壺番茶，然後就這麼悶在熱水壺裡。夏天的話，就擺進冰箱。加點鹽巴的話，就成了鹹番茶。男女老幼，總是咕嚕嚕地喝上一大堆呢。

這東西對我們京都人來說，只是尋常的番茶，可是一擺到了全日本啊就出現了

「京番茶」這個名號。聽說最近的京都茶行如果碰到外地人來買番茶，不能隨便賣掉耶，不然人家回家後罵：「我明明是要買番茶，這什麼東西呀！」因此，最近的京番茶袋子上也會附上相關的煮法說明。

這種茶只不過是煮滾了擺著而已，說不上什麼細膩的味道。不過呀，京番茶果然還是剛焙好時最美味，所以有些料理店聽說會把煮過的番茶再烘焙一次，重新使用。我個人認為京番茶是最適合搭配餐點的茶飲，如果喝綠茶的話，會讓人嚐不出食物裡的細膩甜味，但京番茶不澀，因此不會影響人的味覺。

56

何謂京野菜？——①京野菜的引爆點

現在社會上時常說京野菜、京野菜的，一開始出現這個名稱是因為一九八〇年代後期，京都有些料理店的少東組成了京都芽生會，結合有理想抱負的年輕產業者的團體一起合作，推出了「復活吧！京都傳統野菜！」的活動。之後「京都傳統野菜」這個名詞便被簡略成了京野菜，於是大家就開始京野菜、京野菜地叫個不停了。

我記得，當時京都府農業總合研究所為了保存種子，費心栽培的京都傳統野菜大約只有二十多種。現在我們在日本到處都看得到賀茂茄，但當時賀茂茄在價格競爭上完全輸給了圓茄，金時紅蘿蔔也產量激減，至於堀川牛蒡，明明很難栽培，但根本沒人買。長得像葫蘆的鹿鹿谷南瓜則因為味道實在不佳，大輸一般美味的日本南瓜，難以生存。雖然情況如此惡劣，但在大家一點一滴的努力下，總算把這些幾乎絕種的蔬菜復育成功了。如今大部分的京都傳統野菜，都可以在市面上買到。雖然這是始料未及之事，但京野菜從此風靡了全國。

57

何謂京野菜？——②現存的京野菜有四十六項

「所謂京野菜，包含了被指定為『京都傳統野菜』的品種與被認定為『京都品種產物』之蔬菜。」這是目前京都府與JA（農協）等相關團體所下的定義。

簡單來說，京都傳統野菜是從明治前就在京都府內生產的蔬菜，其中有些已經絕種了。而京都品種產物則不限於蔬菜，還包含了農林水產品，只要是具有京都意象、有一定的出貨量與品質的，就可以被列入其中。不過這兩種，都是以在京都府內生產為前提。

根據社團法人「京故里產品價格流通安定協會」的資料，目前被認定為京都傳統野菜的品種有三十八種，其中有兩種已經絕種了，加上可列入新名單的三種，加加減減，現存的京野菜共有三十九種。諸如聖護院蕪菁、田中唐辛子、鶯菜、桂瓜、柊野菜豆都屬於這一類。

至於京都品種產物則有二十一種，例如聖護院白蘿蔔、水菜、壬生菜、賀茂茄、蝦芋、堀川牛蒡、九條蔥、京菇等。其中有十四種同時也被列為京都傳統野菜。因此，把列入京都傳統野菜的三十九種加上京都品種產物的二十一種，再減掉同時列入雙方的十四種蔬菜，則總共有四十六種。也就是說，只計算現存產物的話，那麼正式被列為京野菜的共有四十六種。

58

何謂京野菜？——③連蔬菜也流行整形？

京野菜一紅了起來後，只要跟這名字沾上邊，價格馬上翻個兩倍。因此很自然的，連外地人也想種京野菜了。賀茂茄跟九條蔥之類的種子便被拿到了德島跟宮崎等地，從那裡栽種、出貨。雖然不能直接稱為京野菜，但像「宮崎產賀茂茄」「德島產九條蔥」等等的蔬菜愈來愈多，感覺上好像是「美國產黑毛和牛」一樣呢。

同時京野菜也不斷地改良。於是市面上雖然有一堆叫做京野菜的蔬菜，可是口味卻跟我所知道的完全不一樣。像是水菜吧，這原本是寒冬的植物，要在很冷、很冷的天氣才會長出一大株來。京都人便把這種水菜拿來醃製，以鹽巴跟米糠做成像高菜漬那樣的泡菜。然後切得細細的，撒在飯上。可是把水菜改良了之後，現在連夏天都吃得到水菜了。雖然名字叫做水菜，可是總不至於改良成水耕栽培吧？但現在這種水菜還真的可以當成沙拉生吃呢。

從前的水菜是底下連著一大條像蘿蔔一樣的根，那種東西不可能拿來生吃嘛。又

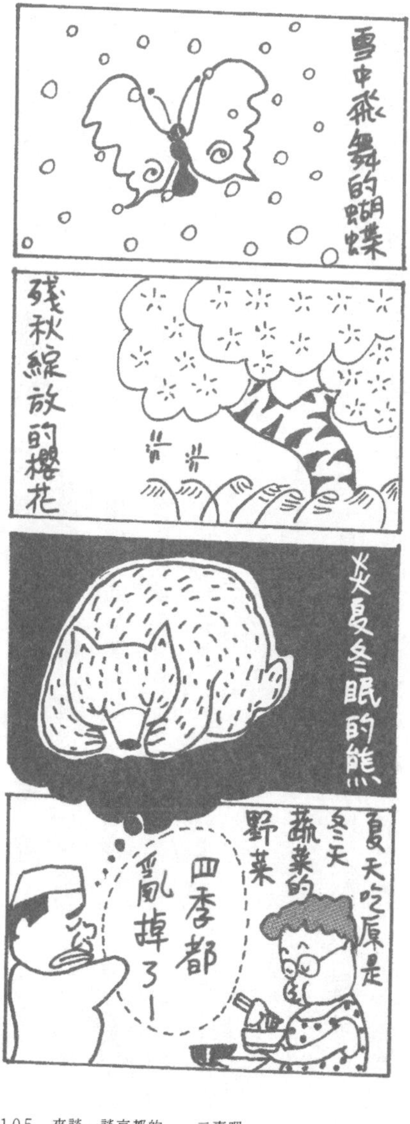
雪中飛舞的蝴蝶
殘秋綻放的櫻花
炎夏冬眠的熊
夏天吃原是冬天蔬菜的野菜
四季都亂掉了！

苦、又粗老，京都人除了拿來醃之外，還會把它跟豆皮一起煮成小菜。

可是如今的水菜呢？一吃進嘴裡還真是會嚇一跳，沒滋沒味的。對我來講，我認為水菜就是要苦，那才是水菜的滋味。現代人連夏天也吃起了徒有形體的水菜，然後宣稱這就是所謂的自然健康蔬果生活，真是太莫名其妙了。

59

您知道什麼是「蓴菜人」嗎？

之前有個東京人，被藝伎說：「噯，真是個很蓴菜的人哪。」大叔喜不自勝地：「哇，真的嗎？我很蓴菜？好害羞呀。」喂喂，這位大叔，您搞不清楚狀況吧？不是純粹唷，是蓴菜哪！

蓴菜人的後面意思是說這個人有點隨便、有點狡猾、輕薄。很會看時機說話，哪一方都不得罪。如果知道蓴菜是種滑溜溜的像透明黏液般的蔬菜，那就曉得這是說人家滑不嘰溜，摸不透這個人的底了。但這種摸不透，又不是那種不愛說話、所以不曉得他心底在想什麼的意思，而是嘴巴一開就滔滔不絕、溜溜嘩嘩地講個不停，沒那麼想的事也能胡天亂蓋，一點都聽不出來話裡的真心到底在哪裡。可是因為這種人陽光開朗，你根本就沒辦法討厭他。

舉個例子來說好了，有個男的約女孩子說：「噯，我們改天去約會嘛！怎麼樣，我打電話給妳，帶妳去吃好吃的、買點好東西！」這種男人啊，女方就會回答：「只會出一張嘴，蕁菜人耶你！」說到有哪個明星比較偏這種類型嘛……嗯，差不多像高田純次那樣吧。這麼講應該很容易想像得出來吧？（高田先生，得罪了！）

60

町家瘋跟山椒小魚乾——都是推銷給東京人

町家瘋，瘋得不得了，不過這是好事，可以有效地活用空屋，保存昔日景觀。不過呀，這個瘋、那個瘋，全都是針對東京人所做的行銷，就跟山椒小魚乾一樣。

京都人以前如果有一些剩下來的小魚乾，就加點醬油、跟山椒粒一塊煮一煮，當成茶泡飯時的配菜，沒有人覺得那能拿出去賣錢。沒想到，賣了後居然大暢銷耶！哎呀，原來東京人喜歡這種口味啊？說來，懂得把這當成生意來做的人，眼光還真是精準。

町家的情形也很類似。那種房子夏季悶熱、冬天冷寒，風兒還會從縫隙裡灌進來，於是大家只好想盡辦法，把它弄得舒服一點。所以其實町家是很不理想的居住環境。沒想到，東京人跟外國人就愛這調調。我覺得呀，京都現在的夏天熱成了這樣，但以前頂多也只有三十度左右吧？傍晚時分灑點水，就能降到二十五度以下了。可是現在嚴重時還會攀升到四十度左右呢，連灑水也沒用，白忙一陣而已。打開窗戶、放下竹簾也一樣悶熱，沒有冷氣的話，真能住人嗎？要是我的話，我可不行呢。不過相反地，暖冬就比以前的冬日舒適了。

所以我覺得，那些宣稱在這種房子裡過舊式生活的人，有些人可能是故意對媒體這麼講的，可能是覺得「對方比較想聽這種話吧？」嗯，所以算是一種體貼嗎？我不是說這好、或不好，只是覺得這可能跟現實情況有點不符。對，就是這樣。

61 京都腔講座——①雖說「醰」跟「芬」已經全國通用……

最近醰（まったり）跟芬（はんなり）這兩個京都腔似乎已經在日本全國通行了，但有些外地人的用法聽在我們京都人耳裡，還是會覺得有點怪。例如「醰」這個字原本是用來形容口味的，像「這個鹹魚醃（譯註：塩辛，將生魚肉或魚內臟以鹽醃漬發酵的食品）

的嗆味已經淡了，變得很醰呢。」或「這伏見的酒很醰，很好喝。」之類。也可以用來表現色澤：「這個紅色稍微太鮮豔了，能不能做得醰一點？」可是沒有人會說：「去泡泡溫泉，讓全身醰一下吧。」或是「那個人很醰耶。」當然這麼說的話，也不是聽不懂啦。

相反地，「芬」則是用來形容人或事物，是有點楚楚動人、雅緻雍容的氣質，在內斂中又帶著一絲華貴，大約是這種感覺吧。不過可不是華麗唷，所以不能形容叶姊妹這對話題名媛很「芬」。另外這個字也隱喻了高雅，所以大阪的歐巴桑也絕對與這個字無緣啦（完了，一定會引起公憤）。話雖這麼說，太雅淨了也不是「芬」唷。芬跟年齡也沒有關係，因為有些歐巴桑也很芬。這個字如果拿來用在男性身上，雖然不會直接形容人，但可以用來形容領帶的花色呀、和服的顏色等等，也可以用在料理上：「那裡的便當做得還不錯唷，很芬，只是價錢稍微那個了一點（笑）。」還真是有點難哪。我也不是語言專家，不太會形容。不過這個字搞不好是從「華雅（花なり）」衍生過來的吧？在意象上，有點像是野花那樣的感覺？這是我個人的想法。

京都腔講座——②您知道什麼是「雲」跟「綳」嗎？

我想不管是哪裡，都有很多類似京都腔的「醰」或「芬」這一類用來表現微妙意思的有趣形容詞。「雲（みんずり）」也是我們很常用在料理上的一個字眼，要是說：「這個茄子煮得很雲、很好吃。」就是說這個茄子飽含汁水，吃起來水水嫩嫩的，差不多是這個意思。

「綳（えづくろしい）」也是我們很常講的一個字。這個字有點難解釋，比方說，一個男孩子升上國小高年級了，開始變聲了，可是一看見媽媽，還是「媽媽——」地就黏到了他媽媽的身上，那樣子看起來就有點「綳」了。給人有點擠、有點悶的怪異感受，但意思又有點巧妙的不同。或者像：「我家那隻狗小時候那麼可愛，可是現在這麼大了，還是在我家那麼小的房子裡汪汪地跑來要玩，真的好綳哦。」也就是說，「綳」這個字不會形容小巧，而是形容東西變大了、超出了某種合適的尺寸，於是讓人覺得礙雜、綳擠。所以我們在料理上提到這個字時，可以用來形容菜擺得太滿、超乎了某種合適的器具尺度：「這太綳了吧？」於是將分量減少一點，或者換個較大的餐具。

提到這兒，形容東西太滿也可以說「堵（こづむ）」，像是把十二個、十三個菓子塞進只能容納十個的盒子裡，看起來就會覺得「怎麼每個都堵堵的」。最近我的腦袋裡也裝進了太多訊息，變得很堵哪！

63

京都腔講座——③「請問不需要別的了嗎?」是對還是錯?

最近大家一直批評「請問不需要別的了嗎?(よろしかったでしょうか?)」這個說法不好,可是到底是哪裡不行呢?我們京都人覺得很平常啊。

假設客人點了漢堡跟咖啡,要確認點餐時,我們會說:「請問不需要別的了嗎?」現在大家批判的重點是,應該要以日文的現在式來發問:「請問這樣就可以了嗎?(よろしいですか?)」或者客人只點了漢堡時,要確認對方是否需要飲料,應該說:「請問需要加點飲料嗎?」而非「請問不需要飲料嗎?」

就我的認知來講,「這樣就可以了嗎?」很明顯是在勸誘客人,讓人不太舒服。但「請問不需要別的了嗎?」則比較像在確認顧客是否忘了加點飲料,或者服務生自己聽漏了,所以再跟顧客確認一次。

如果服務生問:「這樣就可以了嗎?」您一定會想:「哦,想叫我點飲料是吧?」可是如果服務生問:「所以飲料不用了嗎?」您就可以大方地說:「不用了。」

在上述情況裡,我們是在跟對方確認自己的認知與行動是否有誤,而這些要確認的認知與行動都已經發生了，因此才用過去式來說，這不是很正常嗎？可是就是有人覺得不妥，日本話還真難哪！

與其挑剔上述那種說法，還不如挑剔我最近在意的一件事吧，那就是「～好嗎？（～してもらっていいでしょうか？）」這種說法。如果對方說「不好」的話該怎麼

辦？不應該這麼問吧？在電車裡，問人：「擠一下好嗎？」這一點也不像在徵詢對方的同意，而是要對方配合。應該說：「請問能跟您擠一下嗎？（いただけませんか？）」比較有禮貌吧？當然，如果問的時候原本就不打算顧慮對方的意願，而硬要對方配合，那自然提問方式也不同了。只不過，如果是要拜託別人，用「～好嗎？」這種問法好像有點不禮貌哪。

64

京都人的說話技巧——東扯西扯半天，才「好啦，先這樣囉。」

先不管這是否客觀，我從京都來到了東京後，真的發覺東京人的話不多耶，聊不太起來，比方說……

東京人的閒聊法：「今天好熱啊。」「是啊。」（結束）

京都人的閒聊法：「今天真是悶死人了。」「就是說啊，悶得我心情都發霉啦。」「要撐住啊，別讓濕氣傷了身啊。」「好啊好啊，要是熱的話還好，這麼濕實在是受不了。你也要小心身體哪。」「好啊，多謝關心啦。」「也多謝你啊，那麼好啦，先這樣囉。」

天氣熱這種事大家都曉得，可是不形容一下到底是熱成了什麼樣子，那要怎麼聊下去？如果在京都，有人說：「今天好熱啊。」對方只回答：「是啊。」就結束了，大家還會以為那個人是不是身體不舒服還怎麼了呢。

我家的大女將（大老闆娘）這一點就很厲害了，隨隨便便啊都能在路上跟人家聊

上一小時吧。在路上碰到人：「今年梅雨下個不停啊。」「真的，已經連下三天了。」「真不知道要下到什麼時候！」「新聞說要下到下禮拜結束吧，誰知道能不能信哪？」「現在的天氣預報完全不準啊。」「說到這，最近那颱風好像把九州吹得亂七八糟耶。」「就是啊，聽說有一百多個人受傷，現在還有人在避難呢。」「太慘了，年紀大的人怎麼撐得住啊！」就這樣聊個沒完沒了，等到「好啦，那就先這樣囉。」之後，轉過身居然問：「剛剛那個人是誰？」

噯，不過老闆娘這種身分本來就要很能聊，見到誰都能聊點安全的話題，穩穩地給它聊個半天下去，這才能做生意，所以大概有點像是職業病吧。

第

5

章

68.不同的用語——「拿盤的來！」「？？？」

「關西vs.關東」連這也不同

65

來東京後嚇一跳的事——①故意把預算提高

來東京後，讓我嚇一跳的就是客人提出來的請客預算。我說：「我們店裡有一萬五千日幣、一萬八千日幣跟兩萬日幣的選擇。」東京的顧客回答：「那給我五萬日幣的。」「請問是兩位嗎？」「不，是一個人的預算。」「那太多了，我們預算少一點也一定會讓您滿意的。」但不管怎麼說，對方仍舊堅持：「不行，那是我很重要的客人。」所以好吧，「請問想吃點什麼呢？有沒有特定的選擇？」「沒有，就交給你們辦。」這在京都簡直是無法想像啊。要是在京都呀，以冬天來說好了，客人一定說：「給我來個河豚鍋、烤白子、螃蟹就做成沾醋的好了，還要鱉鍋，這樣大概多少？」我們說：「那這樣大概要三萬出頭。」「怎麼那麼貴啊？兩萬八啦！」「嗄？不合成本啦！」「怎麼會不合？我們有五個人耶！」「哦，那好吧。」差不多是這樣。無論店家或顧客都覺得這才叫做交涉。可是東京人啊，真的有那麼多人寧願多付一點錢嗎？

66

來東京後嚇一跳的事——②從惠方卷也看得出東高西低？

節分時，不是要對著那一年的惠方（吉利的方位），一句話也不說地悶頭啃著惠方卷嗎？這種作法到底是從什麼時候開始的呢？一開始不曉得是海苔店或什麼地方的

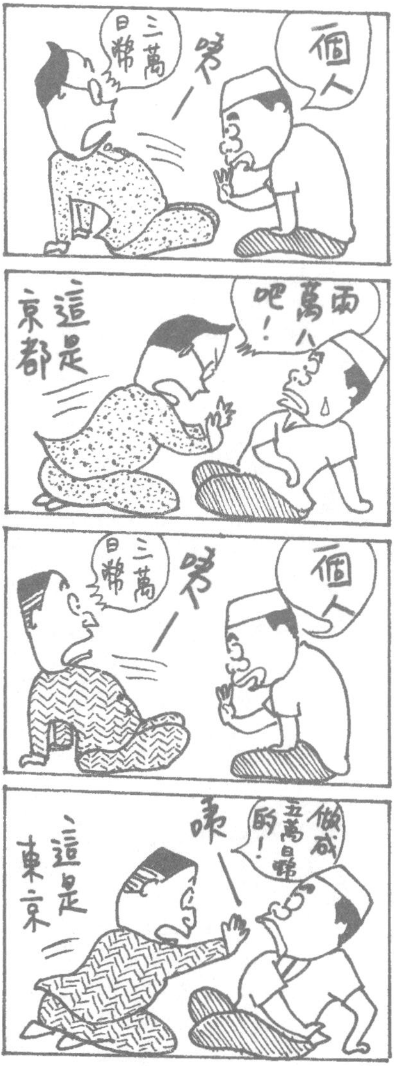

行銷手法，總之，我小時候京都人並沒有這個習慣呢。現在的這股風潮，據說是便利商店帶動起來的，不曉得是真是假。

我們店在東京的百貨公司裡，也推出了一條一千日幣的惠方卷，中午前就被搶光了。原本百貨公司要求我們：「可不可以做成一條三千日幣的？」中間包點豪華的食材，可是再怎麼說，三千日幣要叫人怎麼咬得下去啊？所以我說：「那沒辦法。」才做成了一千塊錢的。中間包了一些有吉利寓意的食材，用的都是跟好運（うん）的尾聲ん（n）同音的食物，像蓮藕（れんこん）、紅蘿蔔（にんじん）、瓢乾（かんぴょう）、鮭魚卵（いくら，用來象徵南天竹/なんてん）、小黃瓜（きゅうり）跟星鰻（あなご），剛好七項，正好象徵七福神。

如果是在京都的話，一條賣七百日幣都會被嫌貴：「不能再便宜一點啊？」五月時，不是會推出母親節便當嗎？我們在東京的便當從最貴的八千塊開始賣光，可是京都大概只到三千五吧。要是在京都推出了八千日幣的便當，京都人會說那乾脆上哪裡去吃好了。我們東京的店鋪位於日本橋跟二子玉川，那一帶可能有高消費的傾向，不過居然連這一點也有這麼大的差異呢。

67

食慾西高東低？——從食量也看得出時代氛圍

在東京展店後，一直到最近我才發覺，東京人的食量比關西人小耶！當然這是整體上來說。關西人可能會有種想法：我付了錢，不多吃一點怎麼回本呢？

跟以往相比，現代人的食量也真的小了很多呢。我在木屋町開板前割烹店「露庵」是在平成元年左右，那時候的人哪，每一個都很能吃。現在回想起來，我那時候也真敢拿出那麼多分量的菜。就連燒烤，也是一個人一百公克。後來實在覺得不需要那麼多了，才減為八十五公克，現在則是七十公克。那時候，我很希望能盡量讓客人多吃一點美食，自己本身也還年輕，很會吃，再加上那時候泡沫經濟還沒破滅，時代的氛圍也有著猛烈的氣勢吧，吃的人邊說：「我吃太飽了、太飽了。」還不是繼續吃個不停。就連年紀大的人也很能吃。

露庵開幕的五年前，那時候我們還在菊乃井木屋町店那裡營業時，店裡的一萬五千塊日幣的會席料理（譯註：跟懷石料理一樣屬於高級餐點，但懷石著重茶，會席著重酒，也因此會席料理多以搭配酒的餐點來設計。）可是要排隊的，很難相信吧？就連露庵開店後，店裡的三十席座位早晚都會輪上兩輪，生意好一點時，還得輪上三輪呢。幸好那時候賺了點錢，後來泡沫經濟雖然破滅了，但總店的改裝經費總算還有著落。

68

不同的用語——「拿盤的來！」「？？？」

我們店裡常用京都腔，這點真的沒有辦法，在東京展店後，多了一些東京員工，有時候會發現很多很有趣的差異。最近我說：「噯，拿盤的來！」結果那個人拿了個盤子來，笑死我了。「盤的／サラ／sara」是關西腔，指的是沒用過的新東西。有時候我說：「這拿去放掉。」「嗄？」「叫你拿去放掉啊。」對方也聽不懂。關西腔的「放掉／ほかす／hokasu」指的是丟掉，有時候說：「放掉啦！」對方卻一直保管著，也發生過這樣的笑話呢。現在電視上時常聽得見關西腔了，所以這種差異應該比以前少了很多，但像「熬蛋／煮抜き玉子／ninuki tamago」這種話對於關東人來說還是有聽沒有懂。其實就是水煮蛋的意思。不過「黃雞／かしわ／kashiwa」倒是很多人都知道那是雞肉。

月份——急躁的關西人，御盆節竟比人晚一個月

關東跟關西在節日上有一些時間上的差異，最明顯的就是御盆節了。京都的御盆節跟八月十五日的大文字（譯註：八月十六日傍晚，在環繞京都市的五座山上點燃以篝火排列而成的字型，當成御盆節的送火儀式，又稱五山送火）綁在了一起，也就是說，大文字的五山送火正是御盆節的送魂火，所以在那之間就是御盆期了。這一點絕對不會改變。但關東人卻是在七月過御盆呀。接著是中元節，京都是八月過、關東則在七月。我們在兩地都有店鋪，所以時間感上會產生一點詭異的感覺，好像亂了套一樣。明明東京這邊已經過完了中元，京都卻才剛要開始。

幸好除了這些之外，其他的節日，東京跟京都差不多已經同步了。如今歲末年終的一些準備事項也都比以往提早很多，雛祭也改成了新曆的三月三日。大部分的京都家庭也都跟著過新曆，但還是有些人繼續依照舊曆。我們料理店沒辦法這麼做，因為櫻花都開了、開學典禮也陸續舉行，要是說：「我家過舊曆。」而要我們準備符合雛祭氣氛的餐點，那我們真的無法幫忙。

還有一件事也是年年提早，那就是新年的便當預約。現在新年便當大約都在十月二十日左右就開始接受預約，我們店裡也是一到了十一月初，就差不多都被預約光了。有客人因為訂不到而破口大罵：「哪有人在十月訂過年的便當啊！才十一月已經賣光了，這像話嗎？」可是我們也沒辦法呀，賣光了就是賣光了。不管是中元或過年的準備，都已經比往年提早，再這麼提早下去啊，搞不好會剛好輪回了原來的時間。那就真的太扯了。

70

不同的客人態度——①從併桌看兩地差異

關東跟關西有很多地方都不一樣，就連顧客散發出來的氣息也大不相同。以我自己去別人店裡用餐的經驗來說好了，如果是東京的話，就連在烏龍麵店或蕎麥麵店也很難跟別人併桌。也許時代的整體趨勢就是如此吧，大家都愈來愈不想跟別人有牽扯了。

如果是在關西的話，我們一進了烏龍麵店啊，看見一張大桌子旁只有一位歐吉桑坐在那裡，一定是大搖大擺地問：「我可以坐這裡嗎？」就自顧自地坐下了。可是要

是在關東，這麼做常常會被人白眼。店家也會覺得困擾。一定要由店家先去跟對方打聲招呼，如果對方說好，店家才會讓你去併桌，你也在這時候才跟對方說：「不好意思。」然後坐下。

可是以我自己的感覺來講，在烏龍麵店裡併桌並不需要這麼大費周章地請店家去問吧？在大阪或京都的話，我們只要說聲：「不好意思。」就可以坐下，也許對方還會跟你聊上兩句呢：「今天好熱哦，您吃的是什麼？好吃嗎？」「還不錯唷。」「那我也點一樣的。」這種事，在東京似乎不太可能。

71

不同的客人態度——②東京人不喜歡人家裝親切

我們店的京都總店跟東京的赤坂店，不曉得為什麼就是沒辦法製造出同樣的氣氛來。明明配置一樣，從一樓進門後都有吧檯跟低矮的脫鞋座位區，可是就是沒辦法醞釀出相似的感覺來。不曉得是不是因為我們在進入店內之前的那一段路程設計不太一樣？東京店要先走過一段長長的竹林，顧客可能在那行走的過程中，產生了一點內斂的心境吧。不過就算這樣，我們在京都店裡連對第一次上門的客人也會熟絡地招呼：「今天很熱吧？剛剛還在下雨呢，您沒淋濕吧？還是已經停了？」「您想喝點什麼？」可是這在東京就行不通了，顧客會覺得你太親暱。一開始還是說：「歡迎光臨，請往這邊走。」免得顧客覺得店家在裝熟。話說回來，東京人來到京都的話大概也會不習慣吧？哎呀，我們這裡的人一天到晚嘴巴動個不停，很自然地就影響到性格了。

72

不同的客人態度——③要裝闊、還是要裝窮？

在東京，穿得光鮮亮麗、擺出一副「我有錢唷」的樣子去消費的話，店家的態度有時候還是會不太一樣。如果穿得破破爛爛的，店家的態度也會跟著輕狎起來。相反地，在京都不管你地位有多崇高或是家財萬貫，京都人多少還是有一種「那又怎麼樣？」的態度。京都的城鎮規模比東京小很多，這是原因之一，另外就是京都人已經見慣了有些陶藝家或染藝家一天到晚穿著傳統的工作褲、帶個破包包，邋裡邋遢的，但「那個人可是人間國寶唷！」所以不太會從外表去判斷一個人。反而是有些有錢人還會故意裝窮，以免「人家知道我有錢的話，不是會來拿嗎？」真不愧是關西人呀！連看事情的角度都不一樣咧。

第
6
章

82.解讀庭園——就連一顆石頭也有含意

日本料理背後的深邃文化

73

萬事遵循真、行、草——懂得看TPO行事

人家說，所有的日本文化——包括日本料理在內——都遵循著「真、行、草」的規則。所謂「真」是指最端正的形式，比「真」隨興一點的，則是「行」、再自由一點的則是「草」。簡單來說，這有點像是書法的楷書、行書與草書。若以服裝來打比喻，則有點像是正式服裝、外出服與居家服吧。或者以暖簾來說，大概就像是麻製的暖簾、木棉暖簾與細繩暖簾。說來，這有點像是一種等級劃分，不過又跟公司裡的社長、部長、組長那樣的階級區分不太一樣唷。雖然排序上是真、行、草，不過換個角度來看，把所有無謂的累贅去除再去除後，簡化到最精練極致的程度，卻是「草」呢。

至於為什麼要這樣劃分呢？我覺得這還是跟TPO（Time、Place、Occasion，時間、地點、狀況）脫不了關係。也就是說，真、行、草各有各的姿態、作用與格調，不能把它們混在一起。

比方說，今天有兩家人要在料亭裡訂婚，那當然還是要穿著正式服裝才不會失禮嘛。但如果只是打算在黃昏時碰個面，約在小舟上遊舟賞樂，那還是穿浴衣去比較自

然吧。不過就算是約在料亭裡，如果對方說不用穿得太正式，輕鬆一點就可以了，但另一方硬是要穿著正式服裝，這樣反而會太唐突唷。所以要視情況，考量TPO行事。

在茶道裡，大家會搭配茶具。如果用的茶碗屬於「真」的格式，而其他茶具卻用了「行」或「草」，那看起來就沒有統整性，所以如果用了「真」，就要以「真」的茶具來搭配。

以現代人的時尚來打比喻的話，穿件坦克背心、牛仔褲，卻搭了一串貨真價實的珍珠項鍊；穿件和服，卻搭了雙高跟鞋。就算說這是最新潮的打扮好了，在我這歐吉桑的眼裡，完全就像是看到異世界呀。

74 料理人的品格——廚師服事件

好幾年前，我曾經以日本代表的身分去參加新加坡的全球美食盛會「世界名廚群英會（World Gourmet Summit）」，這是讓各國廚師展現自己國家的美食、互相交流的一個活動。

在活動期間，有一天主辦單位表示：「今天總理會來，請各位穿廚師服來參加。」廚師服應該算是廚師的標誌吧？結果某位年輕的廚師竟然以布鞋、T恤跟棉布褲的姿態現身，要進場時被擋了下來：「今天必須穿廚師服。」結果這位仁兄說：「我一向都穿這樣做菜呀，這就是我的廚師服。」真是個笨蛋哪。

既然參加這樣的活動，就要體諒主辦單位的立場呀，不要讓活動窒礙不前，這是一個人的基本道理。如果不管怎樣就是不想穿廚師服，大可以用別的理由，說些不會讓主辦單位難堪、難做事或為自己大費周章的藉口，來表達自己不想穿廚師服的立場。如果是代表國家來參加這場盛會的話，更不應該自我表現，把那當成個人作秀的場所。

最近日本很流行說一些「國家的品格」「某某品格」之類的話題，我查了一下廣辭苑：「品性，人所必有的人格價值。」我想，尊重對方立場、判斷自己應有的態度，也是很重要的品格要素唷。

75 客人的品格——廁所拖鞋事件

客人無奇不有，有些人很喜歡把店裡的東西帶回家。最容易被拿回家的東西前三名啊分別是：廁所的香包、廁所的香爐，再來是廁所的花瓶。雖然我沒有統計過，不過應該相去不遠。果然放在廁所裡的東西最危險，沒有人看得到的地方，最容易出事了。香包不管怎麼替換，一定會不見，所以最近乾脆不放了，只焚香。最讓人嚇一跳的則是廁所的拖鞋。那種東西拿回家到底要幹嘛呀？對不對？究竟是什麼癖好呢？真是搞不清楚。既然客人會在網路上寫一堆對店家的抱怨，好歹也檢視一下自己的品格嘛，有點道德觀吧。

76 料理人果然還是得懂茶道？

我想不只是茶道，所有被稱為「某某道」的藝術，在根柢上都是共通的。茶道、花道、香道、書道……還有其他各式各樣的「道」，重要的都不是作法、細節或技巧，而是對於「何謂美」的看法、以及在精神上的心靈面向。因此彼此間才會出現共同點、並且互相影響。

我的茶道老師原本學劍道，為了追求更精進的技藝才去學茶道。沒想到，學呀學就這麼栽了進去。劍道或柔道如果當成競技來看待的話，那當然是另一個世界了，可是從根柢來說，跟書道、茶道或各種「道」都有著共通之處。

條條大路通羅馬。對於從事日本料理這種屬於傳統日本文化的人而言，精進這其中的任何一「道」或許是必要的。說到茶道，茶道跟料理、花藝、書法、建築等許多項目都有相關，比較能直接應用在料理上，因此或許是最適合料理人學習的項目。比起劍道來，茶道跟料理的關係更深。不過我們也要考慮到其他各種因素，例如是否能遇見一位好老師、自己帶著什麼樣的心境在學習……等等。所以從整體性的面向上來說，茶道不見得是唯一的選擇。不管什麼「道」，作法與規矩都是在對人的思考方式、心境產生影響的時候才有意思，若只是生吞活剝地死記規矩，那一點意義也沒有嘛。重要的不是作法，而是作法背後的精神哪。

77

一般和室跟茶室有什麼差別？——①第一，有沒有地爐？

茶室雖然也是和室的一種，但茶室裡通常會挖出一個小型的地爐。在茶道裡，有一個字眼叫做「切爐」，就是把爐口切出來，放進爐灰、點上炭火、再擺上茶釜燒水。夏天一到了之後，地爐要收起來，於是切了爐口的那個榻榻米就要換成一整張平平整整、沒有切口的榻榻米。但不用地爐的季節裡要怎麼燒水呢？我們就擺一個類似火缽的東西，稱為「風爐」，一樣是在裡頭燒炭火、擺茶釜。

有時候，我們會看見某些榻榻米的邊角上有一個方形的小榻榻米鑲嵌在裡頭，那底下就是地爐了。因為要更換一整張榻榻米太麻煩，所以就在有地爐的地方割出一塊開口，不用時，就把榻榻米蓋上，把地爐蓋起來。

底下有地爐的地方是很重要的場所，最好不要從上頭踩過去。因為底下挖空了，所以那個地方其實不太能承重。如果您看到一間有地爐的和室，通常都可以把它當成茶室。附帶一提，五月到十月在茶道裡用的是風爐，十一月到四月則用地爐。不過也有些點前（譯註：點前是將茶具運送至茶室以及後續一連串泡茶、收茶具的流程）的作法，一整年都使用風爐。

78 一般和室跟茶室有什麼差別？——②茶室樣式

一般有地爐的房間，就是茶室。但從更廣義的面向上來看，我們也不能說沒有地爐的房間就不是茶室、或是只要把普通和室挖出一個地爐，就能當成茶室，這在根本上來講，還是有點微妙的不同。

最廣義的說法認為，只要當事者自己說：「這裡是泡茶的地方。」那麼那地方就是茶室了。就像我們的書房或寢室一樣，並沒有標準的尺寸限制、也沒有非要不可的規範束縛。

至於社會上大家常說的茶室、茶室，侘寂風情如何又如何，講的則是所謂的「草庵茶室」。空間以不超過四帖半榻榻米為準（茶道裡稱為「小間」），天花板通常比較低，還有一個必須彎身屈膝才進得來的「躙口」，以及一個小的茶之間，旁邊則有茶柱。這些空間，包含茶柱與鴨居（門楣）的尺寸都小了一號，人在裡頭自然地就會產生謙遜的心情。請您想像一下，在這種四帖半的小空間裡竟然坐了三、四個大男人在泡茶、喝茶，一般來說，應該會覺得擠才對嘛。可是草庵茶室就是設計得不會令人覺得空間狹隘。

除此之外，茶室基本上會有兩個出入口，一個給客人使用，例如躙口。另一個則給泡茶的人（主人）、也就是主辦者使用，稱為茶道口（服務口）。這兩者的關係有

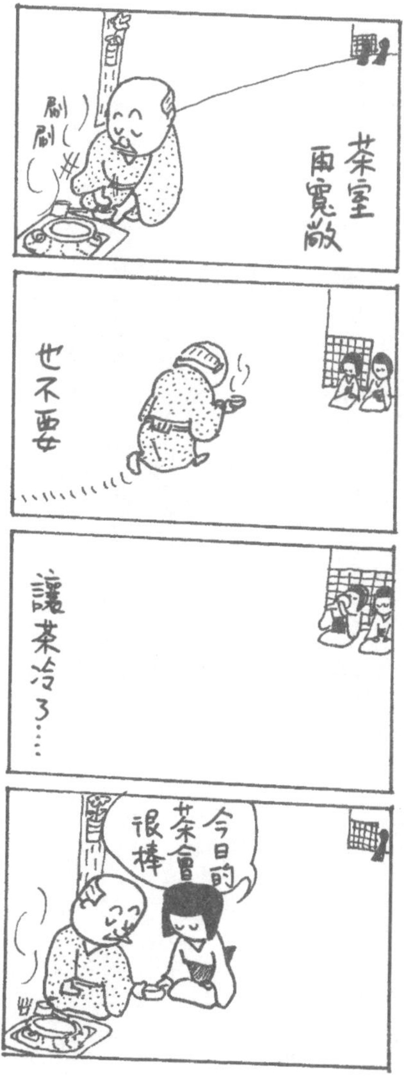

點類似我們的玄關門跟後門。

跟小間相比，還有一種空間大於四帖半，有六帖或八帖榻榻米那麼大的，叫做「廣間」，能舉行人數較多的茶會。廣間不設躙口，天花板也比較高，茶之間與其他空間的尺寸也跟一般的和室差不多。這也是茶室的一種。

79

到底什麼是「數寄屋」？

我們時常聽到數寄屋、數寄屋，但如果有人突然問：「什麼是數寄屋？」恐怕一時之間也很難解釋得清楚吧。建築類的字典裡這麼說：「數寄屋是將草庵茶屋的建築手法與意象納入格局裡的一種住宅形式。」的確，數寄屋是給人一種茶道與茶室的意象。我又問了一直幫我們店裡施工的中村工務店（譯註：亦即中村外二工務店，為京都著名傳統施工業者，俵屋等名建築均出自其手），對方說：「數寄屋就是按照自己喜好蓋成的房子。（譯註：日文裡，數寄與喜歡的發音皆為suki）」那麼數寄屋跟書院造（譯註：鎌倉時代發展出來的住宅樣式，在那之前並沒有今日這樣的和室空間，因武家注重待客空間，才發展出強調茶之間的建築格局）又有什麼不同呢？對方回答有些書院造的房子也可以算是數寄屋。噯，這聽在一般人的耳裡怎麼可能聽得懂啊？怎麼會連隨喜好蓋出來的房子都能算是數寄屋呢？

另外，我們不也常聽到「數寄者」這個字眼嗎？如果數寄屋就是隨自己喜好蓋的房子，那麼數寄者就是按照自己喜好生活的人了。讓我來說的話，我覺得數寄者有點像是程度不輸給茶道的指導者、已然超越了流派與家元等層次，能夠隨心所欲的一大茶人。他們之所以能夠隨心所欲，前提正在於已經擁有了某種程度以上的基礎，所以才能不受既定觀念與社會束縛，自由自在地生活。而這種數寄者按照自己喜好所蓋的房子，當然就是數寄屋了。

所以不是任何人隨喜好蓋的房子都是數寄屋，不然全世界到處都是數寄屋了。但，究竟什麼才是數寄屋？有沒有哪位大德可以來教教我呀！

80

連木材也各有所司

您知道木材也有各種等級嗎？檜、杉、松、日本鐵杉、栗木、櫸木、桐……這些都是很常用在建築上的木料。根據一向為我們店裡施工的中村工務店說，這些木材也分成了真、行、草的格式呢。「真」有檜木、杉木、松木等白木（主要為松葉樹），「行」有栗木、桐木等黑木與其他木材（主要為寬葉樹）、至於帶皮的北山杉圓木等則屬於「草」。櫸木屬於寬葉，原本應該列入「行」級的木材才對，但由於格調高雅，因此被列入「真」級。

在這些木材裡，最高級的當推檜木，京都的話，接下來大概就是日本鐵杉了吧。我聽說，因為天皇家的皇宮用的是檜木，京都人為了不要以下犯上，大多改用日本鐵杉。跟肌理雪白的檜木相比，日本鐵杉稍微帶點紅色，質料也堅硬。

以前的老舊建築啊，在玄關上來的地方不是會鋪上木板嗎？那東西據說叫做「式台」，用的材質也有各種含意呢。神社或寺院通常會用櫸木，因為當人的腳底接觸到了堅硬的木材時會有股冷冽的感受，腳底板一冷哪，人也就稍微繃緊了神經。大概是想要大家到神前或佛前時正經一點，所以才故意設計成這樣吧。

我們總店的玄關式台用了赤松，雖然來吃飯不需要太謹慎，但畢竟是料亭，所以還是用了不會太隨便的松木，大約是這樣。至於東京赤坂店，則在二樓玄關上來的地方用了栗木。栗木雖然比較堅硬，可是師父用鍬刀削出了花紋，刨削下來的痕跡也醞釀出了另一種風情，腳底踩過時的觸感也很溫潤。赤坂的店裡挖了一個下挖式的暖桌，裡頭鋪上了桐木，夏天不會太熱、冬天也不會太冷，腳底踩上去又覺得舒服放鬆，我覺得很棒。

光靠不同的木材運用，就能讓人心生謹慎或放鬆，這真是日本建築的技藝之妙呀！

81

底緣糊紙的色彩能瞬間改變空間的氣息

日本建築裡有一種叫做底緣糊紙的作法，是在土壁的下方貼上和紙。這原本是為了保護土壁，而且當人的衣服不小心擦過土壁時，也不會弄髒。最近則有些情況，是搭配設計而做。

貼在土壁上的和紙差不多都是九寸寬（約二十七公分），可以單貼一段或上下貼成兩段，來調整和紙上緣距離地板的高度。究竟是貼一段呢、或是貼兩段？什麼顏色好呢？這些都會讓房間的氣氛完全不同。如果希望房間顯得清麗，白色絕對是最好的選擇，可是白色容易顯髒啊，所以如果想常保乾淨的話就得常替換糊紙。很多人因此覺得藏青色比較方便而改用藏青色。不過貼上白紙的話，空間馬上就顯得清爽乾淨，看起來也比較寬敞了，所以我們店裡也貼上了一段的白紙。當然這比較花時間跟金錢，不過料理店做生意只能把這當成必要行事囉，盡量常去替換。

82

解讀庭園——就連一顆石頭也有含意

日本的庭園分成了用眼睛看的庭園與可以步行其中的庭園，一般的日本料理店都是觀賞用的庭園，我們店裡也是。在設計時，是以坐在榻榻米上所看見的角度為前提，所以站著的話完全無法領略設計者的意圖。希望顧客還是能盡量坐著悠閒地欣賞。

一些知名庭園都隱含著各自的哲理，反映出了大自然的故事。溪水從山中潺潺流出，成為了小溪，小溪成了大河，大河最終匯入了海洋，類似這樣的意境。不過料理店的庭園大概很少有這麼深奧的，但沒有也無所謂嘛。看庭園時，如果能覺得「啊，好舒暢唷。」「心裡好像有什麼感受。」這樣就夠了。如果覺得很棒，可以跟店家說：「這個庭園很不錯耶，看著看著心情也平靜了下來。」那麼店家可能會說明：「這個庭園是這樣這樣、那樣那樣設計的。」或「感謝您不嫌棄，用完餐後，不介意的話請坐在這個簷廊欣賞，會看到不一樣的景致唷。」「現在開什麼花，接著不久又要開什麼花了。」之類的，話題也就這麼鋪展開來了。

有一些事情要記住，走在庭園裡絕對不能踩在青苔上。當然其他植物也不能踩，只是苔庭的面積廣大，很容易一不小心就踩了上去。這些青苔都是人家費心費神、花了好幾年時間栽培的。砂粒也不要踩，因為砂粒是主人在客人來之前仔細掃好的。如果有踏石的話，踩在踏石上絕對沒錯。有時候踏石上會擺顆所謂的「留石」，用黑繩子把石頭打個十字結，像在打包包裹一樣。只要那東西一擺了出來，就表示前面不可以再過去了。我覺得這種作法真的非常日本，極其的優雅。這跟豎根牌子說：「請留步！不要踩在草坪上！」的告示牌完全不同。

83

不知不可的掛軸小常識——①為什麼要擺掛軸？

通常床之間都會擺一幅掛軸，一般我們在家庭裡不是也對掛軸很珍惜嗎？既然是珍惜的東西，當然是擺在離榻榻米高出一點的床之間裡，這一點，請特別放在心上。

在茶道裡，一進了茶室之後，首先就要欣賞那掛軸。通常掛軸是配合亭主（主人）當天的心境所挑選的，所以客人要規規矩矩地跪在床之間前，把手撐在榻榻米上，行個禮，好好欣賞一番，您看，掛軸就是這麼珍貴。但如果不是茶會的話，就不需要這麼多禮了。

如果有機會到擺飾著掛軸的房間時，請記得那掛軸之中隱含了主人的心意，就禮節來講，我們也應該多少看一眼吧。但倒是不需要特地找一些話來稱讚一番，不懂裝懂。若是真的覺得不錯，也可以直率地說：「這掛軸我不太懂，妳可以講解一下嗎？」仲居就會說：「這掛軸上寫的是『坐聽松風』，應該是大德寺的某某人寫的。」「哦，原來如此，謝謝妳。」

要是仲居說：「我也看不懂。」那不管這間店是旅館或是料理店，都有點太糟糕了，就算被人家覺得「原來程度這麼糟啊」那也沒辦法了。身為提供服務的人，應該要事先了解自己所負責的房間掛的是什麼樣的掛軸，否則就失職了。

84

不知不可的掛軸小常識——②誰寫的很重要

一幅掛軸重要的，當然是上頭的字跟畫。欣賞掛軸時，首先要看的是您是否覺得「嗯，這些字的感覺不錯」「畫得不錯」之類的直截感受，這是最重要的評判基準。

而這種評判基準，再怎麼說都是很個人主觀的事。

除了這種個人主觀之外，通常我們評論一件作品的價值時，還會看創作者是誰。特別是在茶道的世界裡，我們時常擺設字畫，這些字究竟是誰寫的就非常重要了。為什麼？因為寫這些字的人通常不是某某寺的和尚、就是某某茶道的家元，都不是專業的書法家，所以字寫得好不好其實不是重點，重點在於這些字的背後隱含了某種類似書寫者的哲學。換句話說，寫的人本身就隱藏在那些字裡頭，而主人也是因為認同這些字背後的哲思，才把它掛出來。因此進入茶室後，一定要對掛軸行禮，虛心地欣賞。

基本上，我們在心裡懂得這種道理就好，千萬不要沒事裝懂，「啊，某某人寫的字嘛，寫得真好！不錯不錯！」這樣一下子就被人看破手腳了。不懂的事，坦然地表示不懂就行了。

85

不知不可的掛軸小常識——③美不勝收的裝幀

所謂掛軸，就是把上頭有字畫的紙（日文中稱為「本紙」）給裱裝起來。欣賞時，除了一定不能錯過的本紙之外，周圍的裝幀也是必看的重點之一。本紙四周不是有亮閃閃的條狀裝飾嗎？就是那個了。

貼在本紙上下的邊條，叫做「一文字」。上面是「上一文字」，下面是「下一文字」。沿著這些東西的周圍繞一圈的，則是所謂的「中迴」。從這些小細節裡，也可以看出裝幀師的品味跟主人的喜好。一般來說，有點價值的本紙也會搭配有價值的裝幀，所以這些一文字跟中迴也就自然成了賞玩的對象。

古老的掛軸上所用來裱幀的都是古布，這些古布呀，都有名字跟典故哦，光是欣賞花紋，也能慢慢了解日本古時候的設計，非常有趣。所以掛軸這東西，實在是深奧無比的世界呢。

86

不知不可的花器擺飾——①掛軸跟花之間的平衡感

我常有機會到日本各地的料理店跟旅館去，但很少看到讓人打從心底覺得「好美啊」的花器擺設。比較常看到的是，在床之間旁邊的違棚（譯註：擺放裝飾品的多寶格架）裡擺了一大堆裝飾，像是要跟人家說「看哪看哪！」一樣，把象牙、木製人偶、時鐘全都擺了上去，更慘一點的連石頭標本般的東西都擺出來了。至於床之間呢？一幅畫滿了繁花的掛軸前擺了個有腳座的底台，上頭放個花器。花器裡則是插滿了一大堆鮮花。更慘的是連波斯地毯都拿來取代掛軸了。天哪，我都想說：「拜託不要擺這麼多東西好嗎？」

我們在舉辦茶會時，很少會真的把掛軸跟花一起擺出來。通常是在進行俗稱「初

座」的懷石跟炭手前（譯註：準備地爐跟備炭的程序）時，掛上掛軸。之後客人會暫時離席一次，接著才進行所謂的「後座」，這時獻上濃茶跟薄茶，這才是正式茶會的流程。而在進行後座時，會把掛軸拿下，改放鮮花。不過假使今天茶會上省略掉了懷石跟炭手前的步驟，那麼客人就不會暫時離席，因此我們就會把鮮花跟掛軸一起擺出來，旁邊再放上香合。

說歸說，店裡要是不同時擺上掛軸跟鮮花，有些客人會生氣：「怎麼連花也不擺呀？」所以我想應該所有的料理店都同時擺了花跟掛軸吧？擺設時，要是掛軸是一幅妍麗的花卉畫，那麼我們就要選擇低調一點的鮮花來搭配，以免搶了掛軸的風采。或者乾脆找點跟掛軸有關的花朵，甚至完全不擺花也可以。總之，一定要考慮到掛軸跟花卉之間的平衡。要是在掛軸的正前方裝飾了一大瓶鮮花，那反而看不見費心挑選的掛軸了。這種時候，乾脆把花器往下方或旁邊挪一點，會比較適合。

87 不知不可的花器擺飾——②花台的搭配準則

在旅館跟料理店看見花器時，我總是會看一下花台，也就是放在花器下面的底台。我只知道茶道的裏千家規矩，不知道其他流派或花藝界的準則，所以如果說錯了，請多多包涵哪。這些規矩呀，我覺得是必要的，有了這些規矩我們才能有所依靠。傳統規矩就像是一條單一大道，也擁有它們的合理性。在懂得了這些規矩後，我們再依靠個人的品味去發揮會比較恰當。

所以我自己便遵照裏千家的規矩來搭配花台。茶道也跟日本料理一樣，時常會提到「真、行、草」。真自然是最端正的格式，行跟草則依序隨興下去，不過這種隨興當然是從風雅的觀點來說囉。花器也有真、行、草，依照花器的格式來選擇搭配的花台（以裝飾在茶之間為前提）。

・真／古銅、青瓷、染付、交趾等花器↓花台使用黑漆矢筈台
・行／其他瓷器類花器、上釉的陶器類花器（萩、瀨戶、志野、唐津等種類）
　↓花台使用黑漆蛤端
・草／未上釉的陶器類花器（備前、信樂、伊賀等）、竹製花器↓花台使用木製薄板（蛤端等）

※如果不是擺在舖設榻榻米的床之間，而是直接擺在木地板上的話，在木板上擺木板就顯得多此一舉了。因此會省略花台，直接把花器放在木地板上。至於夏

天常用的竹籠花器，不管是擺在榻榻米或木地板上，一般都不放花台。

這中間的道理到底是什麼呢？其實是這樣的。為了不讓花器的痕跡留在鋪了榻榻米的床之間上，會使用薄板來當成花台。薄板又分成了漆器跟木器，格式比較高的花器會使用漆器來搭配。在漆器之中，邊緣像箭矢般呈現鋸齒狀的矢筈板又比邊緣圓滑的蛤端來得要正式。但如果花器很容易傷到花台，就使用沒上漆的木板。這麼一想的話，這些搭配準則其實都很有道理呢，除了可以應用在床之間，當我們在裝飾其他空間時，也可以依照這個邏輯來思考。

88

不知不可的花器擺飾──③最好別選擇味道強烈的鮮花

每家料理店的規模跟空間都不太一樣，所以沒辦法一概而論地說花卉一定要怎麼擺。不過有一件事是毫無疑問的，千萬不要擺設味道太強烈的鮮花。這道理很簡單，因為那會威脅到料理的香味。日本料理店原本就不適合太華麗的花飾，特別是香水百合等百合類植物，因為那味道實在是太強烈了，不避免不行。而在日本的花卉裡，沈丁香、金木犀、梔子花之類的如果插在室內也不適合，我們店裡連敗醬草都不敢擺咧。

在很大、很大的花瓶裡，插上一大把玫瑰，覺得「哇！好絢麗唷！」這種美，是歐洲的美。那樣子的花，要在天花板挑高、空間開闊的地方才顯得出它的美來。可是相反地，「比起一百朵玫瑰，一枝椿花更顯清麗。」這種美，則是我們日本的美。畢竟在六帖或頂多只有十二帖大的和室裡，花瓶大小、花朵枝桿的粗細、花朵的量感等等，一定會產生一個合適的尺寸來。一旦這個尺寸跑掉了，美感也就消逝了。由一粒沙見世界，一家店要是擺出了這麼沒格調的花飾，大家當然會猜這家店的料理應該也不怎麼樣吧？不過如果是在一百帖榻榻米的大和室裡，只插著一朵椿花就會顯得太寒愴。所以到頭來，每個空間都有適合的陳設，只有懂得活用才能創造美感。

89 必須由老闆親自插花——員工或花店可能捨不得切掉某些枝桿

很多料理店或旅館都請花店的人幫忙插花，如果希望擺出來的花飾繁豔華麗，那當然可以請花店的人插，可是如果希望呈現出靜謐的風情，那就有點難囉。因為插花重要的並不是怎麼讓花生存下去，而是如何讓花朵活出風情來。請花店幫忙插的話，店家一定會插出看起來還滿划算的花，花朵的存在感反而太強烈了。如果讓員工插的話，其實也好不到哪裡去，員工常常沒辦法乾脆地把某些枝桿給切掉，總是會覺得可惜、不懂得捨。但如果想表現出千利休所謂的「宛如在野地裡生長的花朵」那樣的風情，一定要很能捨才行。切了又切，把所有無謂的一律去除後，才會由衷生長出野地風情來。大自然裡的花，只要不是群生的話，很少會擠在一起生長吧？因此插花時，也要想像在秋風之中，唯有一朵花兒獨自搖曳，襯著背後朗闊的青空。啊，真好哪，心底似乎也體會了那樣子的風情了。所以，我覺得花要插得好，重點在於如何「捨」。一家店的花一定要由老闆親自插才行。

90 夏季姿態、冬日情韻——季節轉換時，真的覺得「當日本人真好」

每年進入了六月後，有差不多十天左右的時間，我們店內會把所有的和室房間統統改成夏日陳設。京都總店會把紙門換成竹簾、榻榻米鋪上竹席、座墊改成麻製品、暖簾換成白色的粗麻布……榻榻米店、建材行等相關的店家全都來幫忙，把該換的東西統統換過。想想看，這到底要花上多少的精力跟費用哪！可是當所有物品都換好的那一天，意識上也完全進入了夏季，看著仲居桑換上了夏日和服、花器改成了竹籠……那清爽的一瞬間哪，真的會讓人覺得「啊，當日本人太幸福了——」相反地，九月十日左右，所有的和室統統換成了冬季陳設後，又會感受到季節正一步步地從秋季更迭到冬季呢。

這些事情說麻煩也很麻煩，因為所有的建材都得準備兩樣，光是保存這些建材的

空間就很讓人頭疼了。但一直延續著這些麻煩習俗，正是在延續我們日本的文化，而我們日本料理店本來就應該擔起這樣的責任。這些事情在以前，可是家家戶戶都視為理所當然的事呢。

不過讓人擔心的，是支撐著這些習俗的工匠已經愈來愈少了，像竹簾根本都快沒辦法生產了。因為生產竹葦的琵琶湖據說現在已經沒有竹葦，所以現在的情況是，只能盡量看有哪戶人家要把舊屋改建，從這些地方拿一些舊貨過來。這種方式所拿到的舊物有時會正好染上了一層歲月的糖色，光澤宜人。不過那也是因為我們從以前就這麼做，所以才有管道。但像我們在東京的新店，就沒辦法這麼做了。所以該如何守護傳統工藝，正是現今日本面臨的重大問題呢。

91

焚香一、二事——別讓煙冉冉上升

「香」這個字看似簡單，但其實背後也深奧得很呢。如果一樣樣去深入研究，就精緻成了「香道」，分門別類、冠上名稱、設定「聞香」作法（猜看看聞的是什麼香）、跟文學結合在一起等等。平時我們在茶席上，也會把香放進地爐跟風爐裡焚，而寺院裡所燒的線香也是香的一種。到了專賣店裡一瞧，香料更是各形各色了，種類、形狀跟香氣都不同。我們現在要談的，則是料理店裡的焚香。

料理店的焚香通常都是用小香爐，燃燒每家店選擇的不同香料。有時候，我們會看見某些料理店的香還含著一絲白煙，那其實很不好，甚至是盈盈地衝出了煙霧的話更糟糕了。我看到那種情況就想唸：是想把客人當成狸貓燻跑嗎？不過寺院跟佛壇的香就不一樣了，因為那是燒給神佛的、不是燒給人的，旺一點也無所謂啦，反而還會有一種招來好運的感覺呢。不過料理店的香不一樣，不管燒什麼香，一定得在客人進門前焚完，只留下了一抹若有似無的幽香，這種境界才是最上乘的。

我們店裡無論夏冬都用同一種線香，每家店的香也都一樣。說來這也算是一種整體的形象塑造吧。京都總店的玄關、每一間房間跟洗手間都焚香，至於走板前割烹路線的「露庵」與「赤坂」則不適合這麼做，所以只在廁所裡焚香。所有的店鋪都會在客人進門前三十分左右焚燒，過了大約十分鐘後，香就燒完了，等到客人上門時，香味正好是最恰到好處的濃度，淡雅而舒適。焚香也跟其他事一樣，不能嗆得像歐巴桑的香水味唷，一定要自然而清淡。

92 隱含在饅頭點心裡的日本感性

日本人的感性真的是獨樹一格呢，以喝茶時搭配的點心來說吧，冬天就有雪白的薯蕷饅頭（譯註：薯蕷為山藥，這是將山藥加入饅頭皮的原料中製成的一種外皮柔軟的日本點心），當客人詢問點心叫什麼名字的時候，就回答：「松之雪。」嗯？哪裡像松之雪了？結果用黑文字（譯註：以釣樟做成的高級竹籤，通常用來吃和菓子）切開一看，從裡頭探出了一抹綠色的內餡。啊，原來如此呀，果然是松之雪，難怪要叫這個名稱了。

一到了冬天，雪白的薯蕷饅頭上則添了一抹紅線，客人又問道，這點心叫什麼雅號？回答：「龍田川。」龍田川是自古以來就時常出現在和歌裡的賞楓勝地，所以在白山上頭點綴了一條紅線來隱喻紅葉。哦——原來如此，果然是龍田川沒錯。如果在雪白的薯蕷饅頭上添上了一大堆紅葉，或是又紅又黃地染成了一片，那就表現得太過直接，反而掃興了，不是嗎？這就是我們日本人的感性哪。

但這種感性對於外國人來講卻難以捉摸，所以表現的時候，也得看客人是誰。不過，在日本料理界裡，這種透過意象的無限延伸來表現的內斂手法，以及日本人對美感的感知意識是我們絕不能失去的寶物。

第

7

章

99.員工的士氣是無價之寶

經營者不可不知

93 大家乾脆把廚師服改掉吧？

在店裡的各項經費裡，做老闆的真的不能省員工洗衣費的這筆錢。員工每天穿上白T恤、穿上白襯衫、打好領帶、套上廚師服，在這裡面，T恤當然是自己洗沒錯，但店裡給的襯衫跟廚師服則由我們來負擔洗衣費。我知道有些店家會讓員工自付，但這麼一來，員工常常捨不得把衣服拿去送洗，一天到晚穿著髒衣服，不然就是自己洗得皺巴巴的。如果由辦公室來幫忙送洗，員工只要到辦公室就能拿到乾淨衣物，還是會有人寧願繼續穿著髒衣服唷，懶得來拿耶。所以由我們送洗也沒用。在我看來，這真的不行！因為一個穿著髒衣服的廚師怎麼可能做得出好菜？所以我覺得廚師服應該要來個大改革。把領帶丟掉吧，簡化成一件就好了。

這件事我從以前就覺得很奇怪，為什麼日本料理的廚師要打領帶呢？那種東西，不見得永遠都是用乾淨的手去打吧？每天打著同一條領帶，怎麼可能不弄髒？請您想像一下，我們廚師這種行業一天到晚幾乎都穿著廚師服，所以廚師服應該要更方便行動、讓人穿起來更舒適吧？比如說改良成立體剪裁，合乎人體的身形、或是在袖圈連結處、縫法上多下一點功夫，廚師服的機能性就能提升了。可是我們現在還是穿著跟一百年前幾乎一模一樣的廚師服唷，那當然想不出新創意了。這個問題比較大的責任自然是在於經營者身上，經營者只顧著挑選最便宜的、最能壓低經費的選項。另外，專門做廚師服的業者也應該好好想一想。我們店裡從去年全面換成新的廚師服了，不過這只是第一步而已，我還不滿意。

94 四千日幣的簡餐也應該用心製作

我們京都總店的午餐裡，有一項只要四千日幣的「時雨簡餐」。會點這項簡餐的客人，對於自己吃進嘴裡的東西，包含食材在內合不合乎價值非常在意。由於價位便宜，所以客人在心態上更容易檢驗它是否划算。至於會在午餐時段考慮要不要點八千日幣套餐的客人，通常會問餐點裡包含幾道菜，可是晚上來點三萬日幣套餐的客人，則從來不問這件事。愈低廉的餐點，料理本身做得好不好更容易被人放大來檢驗，所以我們對於白天的四千日幣簡餐也花了許多心思。

之所以這麼用心，是因為我從來沒打算只做客人一次生意，我一定要讓客人再上門來！所以即使是四千日幣的簡餐也馬虎不得。很多客人後來說：「上次點的簡餐很好吃耶，最近家裡辦法事，能不能提供一樣的餐點給我們？」「最近公司要接待客人，想點你們的餐點。」從前的情況多少比較像是點簡餐的客人就是點簡餐的客人，可是現在不同了，中午會來跟你點簡餐的客人，下一次就會在晚上光臨。

95

別小看低消費的客人

當老闆或社長的人，有時候真的很難把自己的想法傳達給員工知道，比如說，老闆打算連一千五百日幣的簡餐也拚搏一場，可是員工想的可能就不一樣了。我們京都總店在午餐時段提供一道四千日幣的「時雨簡餐」，為了怕員工說出「才花四千塊錢，還坐那麼久。」之類的話，一天到晚告誡員工：「千萬不要小看四千塊錢的客人，一定要好好招待！」因為您想一想，兩人份的四千日幣的簡餐就要八千日幣了，再加上一杯啤酒，就是一萬日幣了耶。有誰會在白天花一萬日幣吃飯呢？午餐肯花四千日幣的客人，如果覺得好，下次就會在晚上來點一萬五千日幣的會席料理。不然的話，對方花四百日幣去吃豆皮烏龍麵就好啦，何必來跟你點四千塊錢的簡餐呢？所以絕不能小看只點簡餐的客人。我時常把這件事掛在嘴上，也跟女將一起以身作則，但有時就是無法落實得很徹底。人哪，就是這樣。但我們還是要一直講一直講，講到完全落實為止。

96

一定要牢牢抓住像河底岩石般的客人

我年輕時，也夢想過有朝一日一定要讓知名的電視節目、雜誌採訪，這樣店裡就會三百六十五天、天天客滿，哇塞！那真的賺翻了。可是事情哪有這麼順利的？就算某一陣子像颳起了什麼暴風一樣，突然把客人全都吹來了，風也沒辦法一直吹下去。我們的赤坂店也曾經被人說很難預約，可是實際情況是有時候當天座位還坐不滿呢，所以事情很難說。媒體說的、別人說的跟實際情況總是有些出入。

以河川來打比喻好了。一時的風潮就像河面上的落葉一樣，你才剛看它從上游漂過來呢，沒兩三下，又漂得不見蹤影了。可是你要說它漂到哪裡去了呢？最後還不是漂到了大海裡。可是河底下的石頭永遠都牢固不動，一直在那裡，像這種石頭般的客人、說只要不是我們菊乃井就不想吃的客人，是多麼珍貴的客人哪！光是把眼光放在葉片上，追逐著樹葉、收集著樹葉，以為樹葉永遠都將是你的而忘了河底下的石頭，那麼這家店也就完了。等發現樹葉都已經漂走時，早已無力回天。所以一定要小心在媒體上的曝光程度，也是這個道理。

97 當大家都說很難預約的時候，就要小心了

最近媒體頻頻炒作很難預約的名店，我覺得這真是當老闆的人必須小心的情況。跟顧客說沒辦法，位子都被訂光了，這種狀況在巔峰時還好，可是人氣總有一天會下滑。風潮起、風潮落。做老闆的一定要永遠保持一顆謙虛的心，我自己也每日這樣警惕自己。可是當店一忙了起來，員工很容易就會忘了，誤以為自己是在什麼了不起的店工作一樣，當這種心態一起的時候，接電話時的語尾音調都會改變哦。這種事情客人很容易察覺。「嗄，今天啊？」光是這樣一句話，那後面的意思就已經顯露無遺：「當天怎麼可能訂得到位呢？」人真是可怖，從員工的腔調跟舉止之間的細微態度都會顯現出來。

京都有一位一流企業的董事長曾這麼講過：「每一個企業家都覺得自己一定要謙

虛，因為不謙虛就會失去判斷力，看不清楚社會的流向跟脈絡，所以一定不能驕傲。但問題是一百個經營者裡，一百個都這麼想，卻在不知不覺中就逐漸忘了。」這句話，我一直刻在心底上。

98

從公務車的用法也看得出一個人的人品

我想講點小故事，是關於一位我所敬重的經營者。這位先生時常來我們的店裡用餐，如果到京都總店招待客人的話，外面總是有黑頭車等著。某一天，這位先生來板前割烹店「露庵」吃飯，我以為司機也在外面等，所以當他用餐完時，我問：「要打電話請您司機來接嗎？」他居然說：「不用了，今天不是公司飯局，我搭計程車來的。」

通常大公司的大老闆即使是私人時間也有司機接送，這是很稀鬆平常的事嘛。可是這位老闆卻笑著說：「我們公司哪有那麼有錢哪？要我在這裡吃飯，讓員工在外面等？如果有那種時間的話，我就叫他回公司上班了。」又說：「我們人工作都是為了要吃一口飯，如果不拿自己的錢吃飯，就不曉得為什麼要賺錢、為什麼要工作了。」真是經營者的明鏡。我好希望哪個政客也能來聽聽這一番話哪。

99

員工的士氣是無價之寶

我們店裡給仲居桑的薪水有一個最低起薪、另外收費裡的百分之十五服務費也全部都讓仲居桑去均分，所以也算是某種業績制吧。當天的服務費（包含小費）由公司

先保管，再由當天上班的仲居均分。均分歸均分，還是會按照年紀與職等來分配，也就是說，只要自己努力工作，就會回饋到薪水上。

這種作法讓仲居桑的心態與經營者很接近。仲居桑會主動說：「今天怎麼沒什麼客人哪？比去年還清閒吧？要不要到各家旅館去走一趟？」之間也會彼此提醒：「喂，妳那樣服務，客人以後都不來了怎麼辦？」或是「大家都負責兩桌，怎麼妳只負責一桌呀，要加油啊！」每年的四月跟十一月是我們最忙的時候，仲居會說：「等淡季時再一起排休好了。」主動停休。

試問，當仲居桑覺得：「那桌客人怎麼還不走啊？我要趕著回家耶，乾脆把菜都上一上好了。」和有仲居桑說道：「不行啦，那樣上菜簡直像在趕客人，客人以後怎麼會來呢？我留下來，妳們先走吧。」這兩種態度，哪一種會讓客人比較舒服自然不言而喻。先回家的仲居也會覺得不好意思：「對不起，我今天先走了，改天換我補回來吧。」這跟由經營者說：「我付加班費，妳留下來。」是完全不一樣的情況哦，無論是就團隊合作或責任感的層面來說。我想，員工的士氣真的會如實地反映在服務上頭。

100 力求貫徹公司方針——資不資深都一樣

我之前說過，我們京都總店的仲居桑薪水採用的是業績制（請參考前項）。以前的料亭跟旅館都這麼做，京都每家店也都這麼做。但從某個時間點之後，業績制被認為不符合時代潮流而逐漸改成了固定薪水制。可是我們認為，工作愈努力的話薪水就愈高，這種作法會讓人產生希望，跟時代沒關係、跟朝代也沒有關係。所以一直沒有改變。我們店裡有一個最低起薪，中間當然經過了一些調整，但到了今天還是延續業績制。

不過舊體制畢竟還是有舊體制的問題，比如說，經營者想多請一位年輕的仲居，把仲居變成七個人的小組好了。但六個人來均分薪水的話，每個人拿到的錢比較多呀，所以就會有人想把其中一個人踢出去，或是覺得新人剛來時雖然派不上用場，但等到教會了之後，不曉得哪一位老前輩會被公司趕走唷，所以不願意帶新人。我想這種事應該會發生。

但這種事說到頭來，都是公司的態度太軟弱了。如果不願意遵從公司方針的話，不管是不是老員工，都得馬上走路。既然公司決定多用一個人，那麼有異議的人就辭職吧。新人也交代給一個專門的人來帶，一定要教到會才行。在我來講，我覺得還是應當要讓員工有一些危機意識，覺得不曉得什麼時候可能會被開除。而經營者也要在適當的時機發動強權。如果摻雜了人情，公司的方向就走偏了。要是大家都覺得公司不可能真的開除那個人吧，那麼無論是對公司來講、或對員工來講都不好，一定要馬上請當事者走路。不管付上幾個月的資遣費，都得把這個人開除。我覺得經營者一定要有這樣的氣魄。

101

員工感情很好？說什麼傻話！

有時候會看到或聽到別人說：「那家店的員工感情好好哦，店裡氣氛真好。」讓我來講的話，這完全是一廂情願。太親密的員工不可能創造出完美的工作，如果想要感情好，不如成為一家人吧？

我們店裡開會時，不行的事就會直接指名道姓地說出來，如果不說出來，怎麼知道有什麼事要改呢？

比方說，「A桑，昨天客人回家前抱怨，說仲居一直臭著一張臉，妳再怎麼累也應該要笑一下吧？」或是「B桑，妳昨天送菜的動作太慢了，下一次快一點好嗎？」當然也有相反的：「C桑，妳昨天好厲害哦，客人稱讚個不停耶！」這些都不是人身攻擊。因為不管是正面或負面的意見，明天搞不好就換自己被人家講了。這都只是大家就共同的工作議題來討論與交換資訊，每天都應該這麼做。這麼一樣樣討論下去，出現了「不好意思，我下次會改進。」或是「謝謝」之類的回應。「但妳上次也說要改呀，要改就真的改呀！」看吧，專業的世界是不是很嚴格？對個人的指責永遠都在眾人的面前講，因此這是對眾人的告誡，而不是人身攻擊。如果掩護、假裝得若無其事，那才是人身攻擊。

要是因為被指正而不愉快的話，就不要在我們店裡工作了。「妳可能有妳的看法，而且妳也是專業的服務者，不過我們菊乃井有菊乃井的作法，如果不能配合的話我們會很困擾。而且公司業績好壞也不是妳在負責的，是經營者不是嗎？」就是這麼一回事。

102

員工的訓練方式——有時候請員工走路，也是為了對方好

有些人，你怎麼罵也沒用，怎麼說也聽不懂，這種人在什麼行業裡好像都有，我們料理界裡當然也有。不過我覺得，罵的人才搞錯了情況呢。如果一件事情你怎麼講也沒用，那這件事對於當事人來講根本就是過度的要求。想要公司所有人都朝著同一個方向、達到某一種程度，這根本就是一種奢求。

這些一直被責罵的孩子，有時候在其他方面的風評卻很不錯呢。又不是當官的，累積到了一定的缺失之後，就可以叫他下台了。很多時候，雖然這個傢伙講幾次都沒辦法把某件事情給做好，但卻可以把另一個工作做得很好，或是這個人做事不怎麼樣，卻很會帶動氣氛，不然就是很有人情味……這種情況還滿多的。所以一定要看缺點、看優點、再看整體來評斷。如果真的覺得不行，那這個人我一定請他走路、為了他好而請他走路。你看嘛，說什麼「再拚一點、努力一點！」「加油的話一定可以！」這種話說個五年、七年、十年，結果當事者雖然很努力了，但就是不行呀……這樣的話，對那個孩子來講反而不好。如果覺得不行的話就要早一點說，差不多在一年左右的時

間點上，若發覺這個人真的不適合這一行，一定要勸他是不是早點轉到別的行業去試試看，我覺得這是一個主管的責任。

我家從上上一代祖先就留下了家訓：「不浪費食物、不拋棄人。」所以我們不會在這層意義上拋下一個人。但要記得，「濃情非情，薄情之道毋忘。」也就是說，光是心意深厚是不夠的，那不見得就是情深意重，有時候薄情反而才是真正的人情。這點很重要。

103 不做好收益結構的店家撐不久——祇園的現況很危險唷

日本料理店這種生意，埋頭苦幹是賺不到什麼錢的。為了要保持一定的品質，一定要做好收益結構。做好收益結構，則一定要設計好賺錢的機制。我是一直抱持著這種想法走過來的。現在我們店裡的小菜販售跟禮品販售就負擔起了這一塊責任，這麼一來，我們可以把在這種地方賺的錢回饋到料理的原價上，現在差不多可以回饋個四成左右。有了這項支撐，我們跟其他店家一比，同樣價錢的套餐就硬是比別人超值。再不久，原價率（譯註：原價在賣價裡所佔的比率，為原價除以賣價）不達到四、五成就活不下來的時代，恐怕就快來臨了。

現在祇園這一帶有一些小店家，紛紛在晚上賣起八千、一萬日幣的會席料理，這些店的原價率搞不好有五成以上吧？老闆請一、兩個年輕員工，自己一個人一早就去買菜，白天開門、晚上也開門，一大早就唏哩嘩啦地忙到晚，但問題是，自己創造出了不賺錢的收益結構。最後還驕傲地說：「店裡年輕人的薪水恐怕還比我多呢。」我真想說你白癡啊？這種店，誰想去上班哪？

當然，對客人來講這種店很好囉。便宜成那樣，一下子就打出了名聲，天天客滿、連訂都訂不到位呢。這種好景況還當真會持續一陣子。可是總有一天，人氣下滑，就算不是自己的品質下降了也一樣。爬了上去，總有一天要下來。加上店裡設備也會逐漸老朽，要是沒做好收益結構的話，那這時候只能出局了。沒錢修理、沒錢改裝、沒能做好這些設備投資，眼前等著的就是絕望的深淵。講得難聽一點，這簡直是自我毀滅的途徑。當手上還有店鋪的時候，一定要深入思考這些問題。

為什麼要一直賣一個一百八十日幣的稻荷壽司？

菊乃井在二子玉川的高島屋跟其他地方的小賣店裡，每天限量提供一百個一百八十日幣的稻荷壽司（譯註：豆皮壽司）。這壽司非常受歡迎，每天沒三兩下就被搶光了，甚至還被喻為是「夢幻稻荷壽司」。可是其實我們在旁邊的附設廚房裡做這東西非常耗時，就算一百個統統賣掉了，也只賺了一萬八千日幣而已，僅提升了一小部分收益，因此有些員工就說這東西不要賣了吧？可是我覺得，這項產品一定不能停掉。

做稻荷壽司真的很麻煩，雖然裡面的餡料是從赤坂的CK（中央廚房）做好送過來的，可是把從京都直接運來的豆皮打開、趕快蒸好、煮好壽司飯、拌勻餡料、打開豆皮、稱好壽司飯的公克數、再把它包進去、捏好……

一個一百八十日幣的稻荷壽司跟其他壽司連鎖店的相比，的確是貴了一點，可是在我們的商品裡卻很便宜。白天買五個也才九百日幣。「雖然貴一點，可是非常好吃，而且又比菊乃井的其他便當便宜多了。不早點來的話根本買不到啊，還好今天來得早，我再順便帶個小菜好了。」如果稻荷壽司已經賣光的話，客人也可能會想：「啊，好討厭哦，下一次要早一點來。反正來都來了，乾脆買點什麼回去吧。」而順道帶點小菜回家。

從京都直接運來的豆腐也一樣，每次我們進個二十丁或三十丁，一天一定會剩下一、兩丁沒賣掉。這麼一來當天的收益就又沒了。這東西的定價就是這麼便宜。可是幾乎沒有人是只買豆腐就回家的，一定會順道買一兩樣其他小菜。

所以重點來了，像這樣吸引客人不時來我們店裡探看看才是最重要的事。稻荷壽司或豆腐這一類商品很好下手、又便宜得像賠本在賣一樣，這種吸睛產品會為你招徠客人。這就是做生意，光想著賣好賺的東西是不可能會賺錢的。

105

隨便投資設備會要了你的命——椰果現象的教訓

我們有項很受歡迎的產品叫做「夢幻稻荷壽司」，在二子玉川的高島屋等地販售，一天只賣一百個的稻荷壽司總是馬上就被搶光了，所以被取了這個名稱（請參考前項）。有人說：「既然賣得這麼好的話，一天做個五百個、一千個多賺一點不是比較好嗎？」可是這麼做的話不行。如果因為賣得好而想多做一點，就需要特別的生產機器跟系統，但當你把系統跟機器都準備好的時候，這項生意就結束了。這是我的看法。

這項稻荷壽司是因為我們自己蒸豆皮、細心地包進餡料、一個個手工製作才會那麼好吃，要是讓系統化的機器來生產，那跟隨便一個地方的百貨公司或超市、全國連鎖壽司店賣的不就一樣了嗎？這樣還有誰願意出一百八十日幣來買我們家的稻荷壽司呢？應該沒幾個了。只要一做好了生產系統，就得為了維持生產系統而去販售，結果到頭來，到底是為了賣東西才做這項設備，還是為了維持設備而去銷售？所以我覺得要是有某樣商品突然大紅，一定要想清楚其中的原因、有多少人想要這項商品、之後又有多少的實際需求，在還沒想清楚這些事情前，絕不能草率地投資設備、準備工廠。

以幾年前爆紅的椰果為例好了，突然大賣之後，產地一片「日本人好愛椰果哦！」的聲音，於是菲律賓等地的生產者紛紛改種椰子原料，但在那個時間點上，日本這邊的風潮已經退了，輸入量激減，最後造成產地業者紛紛倒閉的情況。可是誰要來擔負這個責任呢？沒有人呀！最近日本納豆的產地業者，也因為納豆減肥的事情被踢爆為造假，而面臨了同樣的窘況。別忘了，消費者是很花心的，一定要牢牢記住，不要跟著一窩蜂哪。

106 經營者到底要「在乎」什麼？

　不只是餐廳，像是糕點店、麵包店之類由廚師身兼老闆的店家，很多人都對產品有著瘋狂的執著。不但嚴格地挑選食材、細心保持鮮美，更不錯過任何一項細節，因為希望自己的食品可以在最完美的狀態下被品嚐，所以也不願意宅配、也不願意在百貨店裡販售。這種心情，我想只要是自己做東西的人都懂。可是有時候，我也不禁懷疑這到底是為了誰而堅持？有些店根本不是一人商店，做老闆的人到底想怎樣呢？也有人說：「我開店又不是為了賺錢。」那我想請教了，到底是為了什麼而開店？

　我直接說吧，我就是為了賺錢而開店。賺了錢，給我的員工比別人高的薪水、迅速地付款給往來的店家，讓大家歡喜、讓客人也歡喜、自己也歡喜。我們上上一代就這麼教：「一定要讓大家開心。」這是做生意的準則。所以我也貫徹這樣的準則。這才是經營者最需要「在乎」的事。

107

經營的骨幹就在於進價跟賣價

經營的骨幹就在於進價跟賣價（決定商品的價格）。這也是我們上上一代流傳下來的教誨。因此我在這部分絕不退讓，一定親自決定進價、也親自決定賣價。不過要怎麼解讀「進價跟賣價是經營骨幹」這句話，其實每個人也都不太一樣呢。比方說，有些人為了提升收益會盡量壓低進價，每天一早自己到市場去比價、殺價、採買，這也是一個方法。只要今天能以很低、很低的價格進到了好食材，就能以很低、很低的價格賣給客人，客人也會很開心。我認為這是很自然、很腳踏實地的一種生意作法。可是賣價愈便宜的話真的愈好嗎？我卻不這麼認為。

所有的商品都有一個合適的價格，這價格只要跟想買它的人心理上的感覺一致了，就能賣出。假設今天我把在百貨公司裡賣的小菜設定為一百公克兩百五十日幣好了，客人會覺得「咦，菊乃井的東西才賣兩百五？這也太便宜了，會不會是賣剩的啊？」但如果我設定成一百公克三百五十日幣的話，又是什麼情況呢？客人會覺得「嗯，這價格以菊乃井來說的話算便宜了，買了買了。」要是設定成一百公克四百五十日幣，就變成「有點貴耶，但菊乃井的東西應該很好吃吧，要不要買一次看看……」所以賣價要設定成多少，也會影響客人對於一樣商品的看法。如果是你的話，你會怎麼設定賣價呢？

第
8
章

110.什麼才是孩子的人格？——該說的話，店家就該說！

我想說句話！
料理店所見的今日另一面

108

我對於網路中傷有話要說——你能對別人的人生負責嗎？

有廚師因為在網路上被中傷得太嚴重而自殺呢。事實上，這些網路上批判的店家真的有那麼糟糕嗎？我想不是。至少這家店的主廚從法國學藝歸來後，三十年來一路戰戰兢兢地鑽研料理之道。請您想想看，一家店被批評的情況有很多，有可能那天店家的服務水準剛好差了一點、料理不合客人口味、或是客人不喜歡店家的應對態度等等，可是每個人對於「服務」的標準都不太一樣，我們覺得店家友善而感到愉悅、因為店家粗魯而感到不滿的標準也各不相同。而且，措詞有禮但態度高傲的服務與徹底落實的完美服務之間，有時真的只隔了層薄薄的紙而已。

如果真的有什麼話想說，顧客大可以當場說，或是事後打電話來抱怨，有各種直接的方式可以抗議不是嗎？至於以後還要不要來這家店嘛，其實真的看顧客的意願了，如果不想來也沒關係，可是要是煽動自己周邊人以外的不特定多數人，那就是充滿惡意的作法了。

既然是匿名，怎麼可能公平呢？所以我很討厭網路上的匿名中傷。這種人就是會說：「停止兒童霸凌！」什麼的人，可是我想說，你呀，你也一樣唷，你做的事無疑地就是霸凌呀！是陰暗穢濕的霸凌唷，你知道你對於別人的人生造成了什麼傷害嗎？而且還是匿名發表，簡直爛透了。讓我們都把手擺在胸前，好好自省一下吧。

109

大阪的歐巴桑比奧客好多了

大家常常「大阪歐巴桑、大阪歐巴桑」地取笑大阪的歐巴桑，可是大阪歐巴桑說話、動作雖然低級了一點（噯不對，是有活力？），精神上可一點都不低級唷。大阪歐巴桑的心眼也不壞，充滿了人情溫暖。

嗯，不過大阪歐巴桑還真的很喜歡穿得很誇張耶、講話又大聲：「你稍微算便宜一點嘛——」「這味道還差一點哦——」聒噪死了。人家慶賀開店的花圈就這麼咻——地一抽一大把，抱在胸前說：「我跟你說呀，開店的花就是要這樣大把大把地送給客人，客人才會源源不絕哪！」哎唷，真是勞您費心了哦，可是您這樣在開店前，就把花全部拿走也不行吧。

一看到電車裡有空位，大阪歐巴桑立刻喊：「喂喂，你快來坐！這裡有位子！」一屁股剛坐下去馬上說：「要不要吃點糖果啊？」拜——託——！但作為一個人，大阪歐巴桑比起躲在角落裡，什麼都亂罵一通的客訴狂人、比起一副藝文人士姿態、在網路上隨意中傷別人的人，真是有品德多了。

110 什麼才是孩子的人格？——該說的話，店家就該說

最近一天到晚都聽到大家說要尊重孩子的人格什麼的，可是還不到四、五歲的孩子，真的有必要那麼在乎什麼尊不尊重的嗎？如果是基本人權的話，那完全是兩回事。但動不動就說孩子好可憐唷什麼的，那也太奇怪了吧？確實地教導孩子是非，這本來就是父母的責任不是嗎？要是誰也不教，就讓孩子這樣長大，那孩子才可憐咧。

我們店常接到法會的餐點生意，所以一點也不在乎客人帶著小朋友一起來用餐。既然是爺爺奶奶生前疼愛無比的金孫，當然應該要讓孩子來參加呀，可是我有一些話，想對這些孩子的父母說。

不久之前，有個小朋友站到我們膳檯上，從上面跳下來玩。不是桌子哦，是底部有矮腳的膳檯。還好那時候膳檯沒有受損，可是您猜那父母說什麼？「你這樣會被店裡的姊姊罵唷！」居然說會被我們罵耶。那些話不太對吧？這種時候就算把小孩子抓起來打屁股，也一定要制止那樣的行為呀。

還沒說完呢，之後您猜猜又發生了什麼事？那孩子把大家膳檯上的銀製筷架全部

都收集起來往庭院裡扔。純銀的筷架哦！我們店的員工馬上就奔到庭院去找，可是三個裡還是有一個不見了，只找回了兩個。所以結帳時，我就說：「您公子丟到庭院去的筷架有一個找不到，必須跟您收六千日幣的筷架費。」老老實實地跟對方收了這筆錢。如果不這麼做，我覺得反而對小孩子不好。因為這並非不小心而摔破了餐具那樣的程度。說真的，我覺得應該教育的根本就是這些不懂得訓斥孩子的父母吧。

111

別被媒體牽著鼻子走

這年頭，平凡無奇的資訊已經不能滿足觀眾跟讀者了，所以媒體到京都來取材時，也拚命地挖掘一些人所不知的地方，看是有哪裡不太一樣或是好吃的，統統都挖出來。昨天附近那家賣手工麻糬跟萩餅（譯註：一種用紅豆泥包住糯米的菓子，秋天稱為萩餅，春天則稱為牡丹餅）的店鋪還平凡無奇的，今天突然一下子變成了名店，買不到了，前面還排了一堆人，嚇死人了。一家店要是到了這一步啊就像搭雲霄飛車一樣，從小店一下子變成了大公司，甚至還蓋起高樓大廈……

媒體實在可怕。一旦你出現在其中一家媒體，其他媒體也蜂擁而來，拚命把你捧

啊捧，捧上了天，再把你重重地摔下來，這一招它們可厲害了。因此料理店一定要知道怎麼應付媒體。

這跟你喜不喜歡沒有關係，我個人認為，店鋪一紅就完了。如果連三個月前的位子都已經被訂光的話，那麼這家店就有了危險。假使是當天才去訂位，那或許沒辦法，可是店家如果能靈活地安排座位，比如說：「如果只有兩位的話，那我們稍微把時間錯開或許能為您安排。」「今天難得有兩個空位。」這對店家來講，應該是最棒的狀態了，不是嗎？

112

電視的剪接太可怕了——敗給了杯麵事件

媒體之中最可怕的就是電視了，因為影響力完全不同。那種剪接方式要怎麼說呢？還真是隨心所欲唷。我就有過很慘痛的經驗。

有一次，我幫某家航空公司研發杯麵式的熱麵線，負責研發的公司那邊有家節目去做記錄採訪，最後在試吃時，對方無論如何一定要我說一兩句感想。我以為那是以還在研發為前提，要我說一兩句吃完後的感言吧，所以就接受了。對方問：「請問味道如何？」我說：「普通。」「那麼這可以當成菊乃井的水準嗎？」「還差得遠呢。」「如果是杯麵的話，您覺得這可以賣到市面上嗎？」「嗯，應該可以賣到市面上吧。」

事後我一想，對方根本就是故意要套我的話，所以才會只剪接最後那一句，也不提那是航空公司的產品，根本就沒有要賣到市面上，結果最後就變成了我吃完杯麵說：「這可以賣到市面上當成菊乃井的產品。」

那樣子難怪會被誤會呀。節目播出後，我不知道被各方人馬罵過了多少次：「你到底在想什麼啊！」還有人打電話到店裡問：「請問你們什麼時候要出杯麵？」真是好慘哪。

不久之前，不是也有個當紅的電視節目被踢爆造假，而引發了軒然大波嗎？所以觀眾不能一直單方面地接受媒體提供的資訊嘛。說歸說，善良的老百姓哪，還是三兩下就被騙了。

113

真的不希望好的店再繼續消失了

有些店被媒體報導後爆紅迷失了方向，也有些店就在街頭巷尾，好吃得不得了，但就是沒有媒體來採訪。生意不好，也沒有人可以繼承，最後店家只好關門大吉了，這種事常常發生。像是一些歐吉桑多少年來不斷精練廚藝、打拚下來的西餐館也是這樣。以前京都有很多這種店，但現在都沒了，真讓人難過。媒體才應該去報導這種店吧？但問題是一報導了之後，人潮瘋狂湧來，從另一方面來說也把這家店給毀了。所以到底應該怎麼做才好呢？如果媒體能好好想想、客人也能仔細思考，這個社會上，好的店家不會再繼續消失的話，那該有多好呢。

114

不要半夜潛逃好嗎？——又沒做什麼壞事

以前日本的料理界呀，因為太嚴苛而讓學徒半夜跑掉的事情時有所聞，但現在時代不一樣了，已經沒有這種情況了？嘿，才不是呢，還是有唷。只是要說有什麼不同

嘛，那大概就是學徒父母的態度吧。真是嚇壞人。

我們店裡每年招收新學徒時，我都會告訴他們：「千萬不要半夜潛逃唷，大家都會擔心，父母也會焦急。又不是做了什麼一定要半夜逃跑的壞事，為什麼要半夜走呢？如果覺得受不了，可以在白天跟我說：『我不幹了。』我一定會把該算給你的薪水給你，然後從大門大大方方地出去。人活著就是要正正當當的嘛。」但就算這麼說，還是有人半夜跑走。

一發現有人從宿舍裡失蹤，我們首先想到的就是他會不會出了什麼事？心裡擔心得不得了，也要趕緊跟對方的家人聯絡。沒想到，對方的父親先打來了，原來已經回到家了。孩子跟父母親說了什麼我不曉得，可是對方的父親一打來就是：「你們怎麼那樣對待我的小孩啊？我要告你們！」噯噯，這不太對吧，這位先生？一開口應該先說：「真不好意思，我的兒子什麼也沒說就跑回來了，讓你們那麼擔心，他已經平安到家了。這次對你們很不好意思。」這才是做人的道理吧？接著才來談其他事，討論什麼是事實、什麼不是事實，不是嗎？我們這邊說：「店裡都規規矩矩地照著勞動基準監督局（譯註：相當於台灣的行政院勞工委員會）的規定在做，您要不要等情緒安定一點之後，再問一次您孩子到底發生了什麼事呢？」可是事情演變成這樣，是不是有點不太對啊？

還有更讓我驚訝的呢，居然有父母來幫孩子半夜潛逃。我正想說奇怪，那個人怎麼在宿舍裡鬼鬼祟祟地不曉得在幹嘛，是不是朋友來啦？我說：「你先別走。」然後到外頭一看，竟然是父母開車來幫兒子落跑。「我們本來想等明天再正式跟你打個招呼。」說什麼話啊，哪有這種事呀？說到這，我還想起有人半夜潛逃後，對方父母居然打電話來說：「請幫我們把行李寄回來。」真是太離譜了。

115

這位太太，料理店不是教育單位好嗎？

春天一到，店裡會來很多新學徒，有一次，發生了下述這種事。一位學徒的媽媽打電話來，那差不多是學徒在休假或什麼日子回家之後的事。「麻煩請多教育一下我兒子。」如果是因為「我兒子不太受教，所以請多講幾次，把他教會。」那我還聽得懂，不是唷，這位太太的口氣就是「我家兒子這麼不成材都是你們的錯！」「咦？可是我們不是教育機構耶。我們付薪水給他、請他來上班，對他沒有教育義務唷。」

說到這，我又想起了另一件事。有一個媽媽帶著孩子過來，第一天那孩子大概工作了五小時左右吧，然後我們說：「好了，你先回宿舍去整理房間吧。」沒想到那孩子直接就跑到他媽下榻的旅館了。接著那位太太打電話來：「我兒子沒辦法在你們那裡工作。」請教理由，居然是因為沒人告訴她兒子廁所在哪裡、也沒人倒杯水給他喝。

喂，想上廁所的話，只要問一聲：「廁所在哪裡？」人家就會告訴你。我們這裡是料理店，隨便打開一個水龍頭都有水呀！

真是的！這些父母跟孩子完全不懂得出社會工作到底是怎麼一回事嘛。這不是我們店裡的問題、也不是日本料理店的問題，搞不好是全日本的問題唷。

第
9
章

125.今後全世界將更關注日本料理

若想走料理這條路

116 要吃到某種程度之後，才懂得食物的滋味——松露真的好吃嗎？

我們人對於某種食物，除非累積了一定程度的訓練，不然恐怕記不住那食物的滋味到底是什麼吧。腦科學研究說有種叫做 neuron 的神經元會形成迴路，如果人想留下記憶，就得對神經元累積一定程度的刺激才行。而在味覺上，如果同樣的食物不多吃幾次，就無法讓神經元連結在一起，也就無法認知到這項食物的滋味，所以一樣東西可能要吃個十五次左右吧，我好像在哪裡聽過這一類的言論。就以松露來說好了，我第一次吃到松露是在學生時代，那時我吃的是一個鵝肝醬的罐頭，裡頭飄著幾片碎松露。我心想，這黑黑的像橡皮一樣的東西是什麼呀？一看材料欄，結果是松露。但怎麼完全聞不到香味呢？想當然耳，我一點也不覺得那好吃。

後來有一次，我去吃了法國超知名的三星名廚 Alain Chapel 跟 Joel Robuchon 的松露競賽，那時候一個人的餐費大概要六萬或七萬日幣吧。去吃的時候，松露嘩——地一大塊送出來，簡直是松露吃到飽……可能跟那時候用的松露是頂級的也有關係，不過我總算知道了原來松露的香味是那樣的，松露的滋味是那樣的。後來只要一有朋友說要去法國啊，我馬上拜託人家幫我買松露。回來後再請一位做法國料理的朋友幫我料理，每次都呼嚕嚕地一下子就盤底朝天了。就這樣，我開始迷上了松露，覺得松露的香味真濃郁、真好吃，就連菜裡只加了一點點的松露我也嚐得出來。這大概是我頭腦裡的神經元已經連在一起的證據吧？

117 總算了解愛吃蕎麥麵的感受了

現在連京都也出現了一些以石臼磨粉、自己擀麵的自製蕎麥麵專賣店，不過關西地區以前好像沒什麼以蕎麥麵為號召的店家呢。我們也不記得曾經吃過蕎麥麵。對我們來說，蕎麥麵就是一種茶色的、比烏龍麵還細一點的東西。所以當江戶人（譯註：東京人）歡天喜地地說新蕎麥要上市囉、哪裡的蕎麥麵粉怎樣怎樣，我們一點也沒辦法理解。我也不記得曾經吃過什麼很香的蕎麥麵。

後來有一陣子，我想把江戶的蕎麥麵統統吃過一遍看看，所以不時到東京來趟三天兩夜之旅，吃了好一些麵店。不過那時候，我還是吃不出個所以然。後來下一季的新蕎麥上市時，忽然間，我突然聞得出蕎麥的香氣了！哦哦，原來這就是所謂的蕎麥香呀，我總算了解了。

法國起司之類的東西應該也一樣吧，恐怕沒什麼日本人是從一開始就覺得那東西好吃的。紅酒也是，說什麼花香，一點都聞不出來嘛。所以經驗真的是塑造感受的泉源哪。

不過人類出於本能，似乎會覺得容易消化、容易帶來熱量的食物很好吃。例如能維持大腦運作的糖分。也就是說，我們會覺得甜的東西好好吃唷、高卡路里的東西好美味唷。這一類食物比較容易讓我們在第一次入口時就產生好感。但其他層次上的食物，則比較不容易在初次為我們帶來感受。當然，這種感受性每個人都不太一樣，但一般來說，食物都要等吃過了幾次之後，才能感受到它的真實滋味。

118

飯碗跟挑媳婦——您吃飯時用的是哪種碗？

記得當我還是紅顏美少年的時候（幾時啊？），奶奶曾經說：「你呀，要跟女人約會時，一定要記得先問對方用什麼碗吃飯，要是她回答說家裡的人用的碗都一樣，沒有自己的碗，那麼這位小姐還是放棄吧。如果說我的碗長什麼樣子、上頭有什麼樣的圖案，那這位小姐還可以。萬一說，我夏天時用的是什麼形狀、什麼圖案的碗，冬天時則改用什麼材料、什麼形狀的碗，那這種小姐你一定要好好把握哦！」

我當時想，在說什麼啊，這種事能問那麼仔細嗎？不過現在回頭過來一想，奶奶說的其實很有道理，尤其是對我們料理店來說。

如果不是成長在一個從日常生活中就會去注意到季節變化、風情行事的家庭，那麼這樣子的女孩子很難適應料理店的女將工作。但如果從小就已經習慣把這些當成生活的一部分，自然就不會覺得這些生活細節很麻煩了。我想奶奶那時候想跟我說的是這個吧。但話說回來，我奶奶一整年都用同一個心愛的碗吃飯耶（笑）。

119

多看、多學是深入器皿世界的不二法門

想走日本料理這條路的話，還是得從年輕時候就開始鑽研器皿。我常常叫我們店裡的年輕人在放假時多去美術館、博物館走走，不管看再多的書，如果沒親眼見識過許多實物，就無法了解真正的實物之美。

一開始看的時候當然什麼都不懂，「哇，這就是魯山人哦？魯山人耶！一個多少

錢哪？」「五百萬或六百萬日幣跑不掉吧。」「哇塞——」眼睛瞪得大大的，完全不懂這東西為什麼要那麼貴。我說：「你看一下這個，跟一般的信樂不一樣吧？」學徒還是「嗯……」不知所以然。

可是等到看了一定的程度後，不曉得為什麼，就會覺得這個東西果然跟一般東西不太一樣了，當你開始覺得不一樣的時候，就會了解魯山人當真不同凡響。

這時候，心裡開始會比較起食材放在器皿上時的平衡感、整體的線條、繪畫的比例等等，心裡會漸漸覺得果真還是魯山人比較高超哪。等到了這時候，這孩子就已經逐漸了解一些奧妙。至於究竟是哪裡不同，我想這還是留給專家來解釋好了。

120

何謂懂得器皿

剛進料理界的新人說自己比較喜歡金襴手（譯註：胚體上用金色等多種色彩，使成色華麗的一種釉上彩手法），光彩耀眼、華麗貴氣，看了就喜歡。料理裝盤後看起來也比較高級，真想把菜擺進去看看呢。當一個人開始有這種想法的時候，其實他在那個時間點上，就已經喜歡上了這件器皿。接著他開始對器皿的口味有了改變，逐漸覺得沒有其他色澤的白瓷也很美、形體優雅的比較動人。可是瓷器雖然不錯，粗糙的陶器卻更讓人喜愛。一般來說，我們對器皿的愛好會如此轉變。再下來，又重新回到了瓷器上，搞不好又喜歡上了金襴手。但這時候對於金襴手的喜愛之情，跟先前看到金襴手時覺得華麗繽紛的感覺又不太一樣了。因為觀點已經產生轉變。就這樣反覆個一、兩次之間，慢慢找到自己真正喜愛的類型。

121

何謂懂得器皿的層次

不是有句話叫做玉石混淆嗎？不過這句話的前提，當然也是要能夠判斷什麼是玉、什麼是石。如果說已經知道了這是玉、那是石的話，還是要選擇石頭，也許是因為在那樣的情況下，石頭比較適合。不過我想，判別的能力絕對是欣賞、觀看事物時的關鍵前提。

這世上應該沒有什麼絕對的標準，在現實生活裡，當我們在判斷時，也許會以某些專業領域裡的專家所高度評價的、或是文化水準高的人裡幾乎有幾成以上的人都讚不絕口的事情來當成我們評價的基準，但也就是在了解了這樣的準則之後，我們才能逐漸靠著自己去決定一樣東西是否合適。例如這張畫掛在我店裡好不好看？這個餐具擺在我店裡適不適合？想要養成這種鑑賞力，就只能多看一些所謂的好東西了。

不過器皿這種事，回到基本的問題上，還是跟喜好脫不了干係。我想有很多人搞不好都不喜歡我搭配器皿的方法，但一定也有人欣賞。所以這種事只能看開了，我只能選擇我所喜歡的。所以就算是一件只要一千日幣的便宜餐具，只要我覺得適合，我也隨心所欲地用它。一件十萬日幣的餐具我也是同樣的用法。不過當店裡的員工打破時，我的態度不太一樣就是了（笑）。

122 重新審視日本傳統食品——從小菜賣場觀察到的現象

猜猜我們店裡在百貨公司的小菜賣場裡，賣得最好的是什麼菜？如果以跟季節無關的一般餐點來說，前幾名分別是豆渣拌菜、芝麻豆腐拌、醋味噌拌菜。這些小菜雖然不能當成主菜，但做起來其實還滿費工夫的。接著像新馬鈴薯豌豆煲、新牛蒡燉鮮雞、燉竹筍等季節性的食物也都還賣得不錯。這些做起來有點麻煩、但讓人看了就是想吃、或是能感受到季節性的小菜，就是消費者想要的口味。我覺得這種讓人看了毫無來由地就想吃的菜，可以算是我們日本的民族性食物、傳統食物。

如果現在問「什麼是日本的民族性食物」，有幾個日本人能馬上回答得出來呢？尤其是年輕人。要是將來小孩子回答「炸薯條」是日本的民族性食物，那可怎麼辦唷？在當前這種全球化口號喊得滿天響的時代，我們都必須好好地重新省視自己國家的文化、務必要將這些文化傳承到下一代去。

嘴巴大小與食物尺寸

您知道我們人的嘴巴差不多有多大嗎？每個人不一樣？當然哪！有些人可以把自己的拳頭塞進嘴巴裡，也有的人嘴巴小得跟櫻桃一樣。不過我們在吃東西時不會把嘴巴張得大大的嘛，所以我說的是一般嘴巴張開時的大小，大約是長寬各三公分，也就是一寸。所以食材的長或寬最好能切成三公分左右，再考量到筷子的空間，差不多就是三乘以二乘以一公分，這是最容易以筷子夾進嘴巴裡的尺寸了。而且，這個尺寸據說是最容易讓一般人品嚐到食物滋味的大小。如果用難一點的字眼來說明的話，一般人的「口中體積」差不多就是這個尺寸。

以拌菜來說好了，通常切成一寸長的話，不用多費力就可以放進口中，也不容易咽到，這道菜就成為容易進食又美味的拌菜了。切生魚片時，只要記得切成一寸大左右，那麼三乘以二乘以一公分的生魚片也很容易放進醬油碟裡。醃蘿蔔（澤庵漬）也一樣。吃茶懷石時一定會被當成香物之一的醃蘿蔔，大小也剛好是三乘以二乘以一公分左右。所以這個尺寸是切菜時的基準。

這跟使用刀叉的西洋文化不一樣，我認為這是屬於日本這種使用筷子的民族所具有的料理特徵。只要觀察一下便當裡放的松風燒（譯註：將碎肉、雞蛋跟調味料拌勻後，塑形烤過，上頭撒上芝麻或罌粟籽的小菜）、魚板跟切好的蔬菜，會發現這些都是在一寸這個前提下完成的。在這些小細節裡，隱含著前人對於如何讓人吃得輕鬆、吃得優雅所發

展出來的邏輯，時常讓我驚嘆不已。

124

將傳統習俗傳承下去正是料理店的重要工作

今天正好是節分（譯註：現為立春的前一天），用舊曆來算的話，明天就是新年了，什麼東西都要變過一遭，連運勢也改變了。所以一定要把鬼給趕出去。我們店裡會唱著「鬼在外、福進來！當然是這樣、當然是這樣！」接著大家把相當於自己歲數的豆子數量跟一個五塊錢銅板包進小張的日本紙裡，用這包起來的紙囊稍微拂過全身，再把紙囊全部綁好，拿到吉田神社去供奉。

我們店裡一直到現在，每個月的一號一定要去拜佛，感謝佛祖保佑我們上個月平安無事，希望新的一個月生意上也一切順利。要給神煮碗紅豆飯，供在神前。碰到日子裡有「八」這個數字時，就要煮點相良布海藻（譯註：Arame，一種黑褐色藻類，在日本常跟其他食材拌成小菜），十日則要為惠比壽神煮湯、二十五日為天神煮湯、月底時要煮豆渣……一直到現在還維持著這些習慣。

這些傳統習俗跟作法、特別是跟食物有關的部分，要是日本料理店不延續下來的話，由誰來延續呢？當然啦，我們也沒辦法像往昔做得那麼周全，但至少要把大概的樣式給傳承下去。

說到惠比壽神的湯品，就是加了圓魚漿片跟斜切的蔥而已。把魚漿片切成小塊、斜切的蔥則比擬成惠比壽神手上那根竹竿的竹葉。天神的湯品則是把剩下的蔬菜統統切成薄片，加點葛粉勾芡。不知道是不是因為天神菅原道真（譯註：平安時代的忠臣，受陷害而抑鬱以終，後被日本人當成天神供奉）擅長書法與和歌，所以才把蔬菜切成一大堆象徵書扉的薄片？豆渣別名毋斷（キラズ／Kirazu），象徵「緣份毋斷」。另外聽說，如果把泡過相良布海藻跟羊栖菜這類海藻所留下來的黑不溜丟的水，拿去灑在玄關裡啊，客人就會源源不絕。我想這大概是要讓人把玄關弄髒，再好好地打掃一番吧。

125

今後全世界將更關注日本料理

現在全世界對於日本料理的注目程度，大概是前所未見的，今後想必會愈來愈高吧。放眼全球，不用奶油、鮮奶油或任何油品就能做出大部分菜色的國家，大概也只有日本了。少量多樣，富含食物纖維。一整套八百五十卡路里的會席料理，在量上、味覺上都可以令人滿足，視覺上也令人愉悅。就這種意義來講，難怪全世界會這麼關注日本料理了。而實際上，無論法國、西班牙、美國或其他國家的廚師都很想來日本、想學習日本料理。

對於習慣吃到飽，飽受肥胖與動脈硬化等生活疾病所苦的現代人而言，「向日本料理看齊」已經成為了常識。再加上，如果從歐美各國的角度來看，日本料理從料理方法到對於食材的思考態度都與歐美迥異，可說是充滿了神祕的世界，更讓人對日本料理好奇不已了。

我認為現在正在鑽研日本料理的年輕人，有很多到各國工作的機會唷。因為全球都是市場，可以到世界上其他國家去當主廚。因此一定要好好學習日本料理的技術與知識，也要切實地鑽研日本文化，以免到了國外丟日本人的臉。真希望這些年輕人有朝一日能展翅高飛，飛往全世界去。

第

10

章

132.鹽堆的小故事——生意興隆可喜可賀、可喜可賀

雖然無關緊要……

126

別把西陣織的腰帶剪掉吧

最近不管在日本國內外，常有人把西陣織的金襴帶（譯註：以金絲織出花紋的華麗腰帶，金襴織法相傳源自中國宋代，即金縷）拿來當成桌旗（譯註：桌子中央的長飾墊）或其他室內裝飾，如果長度不合的話就直接切掉。看在眼裡，我心都痛了。那麼漂亮的金襴刺繡腰帶上被擺上了菸灰缸、放上咖啡杯，啊——我心裡總是想：太可怕了！金襴帶太可憐了……

雖然現在的年輕人可能不在乎吧，覺得這才是亞洲新意，也可能不知道這塊布原本是和服的腰帶，但不管怎麼說，像我們如果要把一塊原本製作來當成腰帶的布料改作其他用途的話，我們一定會先重新修改。否則布料本身便會太強烈地呈現出原本的腰帶性格。這麼講可能讓人覺得我真是想法過時的老頑固吧，不過算了，就當我是什麼亂七八糟的歐吉桑在胡言亂語好了。

總而言之，當我們不知道一樣物品的淵源，可是覺得不錯，想拿來使用的話，最好能對這樣東西有點了解。嗳，這果然是老古董的想法吧。

127

晨型人與清早採收的蔬菜

一大清早採收的蔬菜跟一早挖出來的筍子，都有很好的評價。其中的理由是什麼呢？如果只是因為新鮮的話，其實早上採收跟晚上採收都一樣呀，剛摘下來的時候都

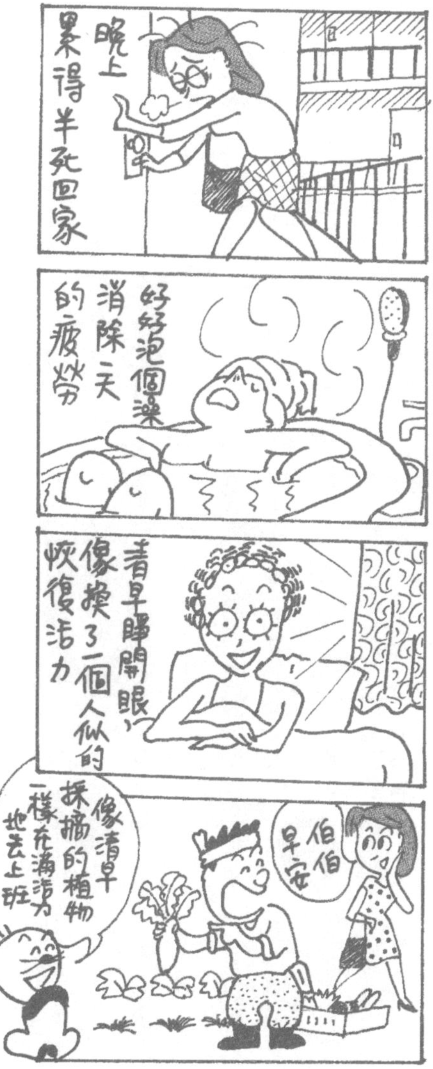

很新鮮嘛。不過早上採收的還是比較好。這其中的理由，如果用我們人來比喻的話就曉得了。早上的皮膚跟晚上的皮膚有什麼不同？我們早上進了公司，上了一天班之後，夜晚疲累地回家，皮膚這時也黯淡粗糙。但泡個澡、好好休息一晚之後，隔天早上又恢復了生氣，皮膚重新散發出光采，充滿活力。

聽說晚上十點到隔天早上兩點是肌膚細胞再生的時候，所以如果為了皮膚好，最好能在這時段睡覺。而植物難道不也一樣嗎？白天要行光合作用、製造養分，忙得很咧，可是晚上不用行光合作用，可以把白天時存下來的養分跟為了明天活動的某些成分統統輸送到末端去，等著迎接早晨。因此早晨的蔬菜比夜晚的蔬菜要來得鮮美，生氣勃勃。

我個人也覺得早上比較適合思考，因為頭腦運作得比較順利。如果有些晚上想不通、不曉得該怎麼辦的事，我等早上再看過一次資料、再想一想的話，就咻咻地想通了。啊，對了，這個事情這麼做、這麼做，那件事情已經沒辦法，只能放棄了。我知道很多從事作家等職業的人，都說在夜晚比較能夠寫稿，不過我晚上時總是被工作追著跑，什麼也想不出來。心底總是惦記著要做什麼、什麼事非進行不可，究竟什麼才是我真正想做的事一不小心就忘得一乾二淨了。人哪，疲倦的時候就是這樣。

128

哥哥跟弟弟——廚房黑話

有時候在廚房裡說：「把哥哥拿來。」結果新來的學徒馬上愣在原地。您知道什麼是「哥哥」嗎？這是廚房的黑話，指的是早一點進貨的、舊一點的。至於新一點的則是「弟弟」。而所謂的黑話，則是像暗號一樣的東西。

有些話不方便在客人的面前講，所以廚房裡有各種黑話，用來傳達給自己人了解。我聽說壽司店這種黑話更多呢。

「讓它逃吧」也是我們常在廚房裡講的黑話之一，指的是「放掉」。哦對了，講「放掉」的話，關東人聽不懂。其實就是「丟掉」啦。另外還有一個不是黑話的字眼，我們關西人說東西壞了，是說「走了」。

比方說，「這哥哥已經走了吧？你要好好讓它逃掉啊。」聽起來是不是有點詭譎？還好不是用姊妹來形容，不然就太寫實了（笑）。

地球暖化與異國菜熱潮

大家流行吃辣的熱潮已經有一陣子了。我想這種飲食味覺的改變，或許跟氣候變化也有關係吧。日本人從前從來不吃這麼辣的東西，但現在則把辣到不行的菜拚命往嘴裡塞。目前靠近赤道附近的一些國家的餐點，像是泰國菜、越南菜紛紛流行了起來。至於韓國菜則是不一樣的情況。最近，用奶油跟鮮奶油製作的北方菜也逐漸少了。

說到法國呢，法國人也開始用橄欖油做菜。調理上比較清淡、不用奶油跟鮮奶油製作的南法料理崛起。至於義大利菜還是一樣地風靡全球。最近我在法國餐廳裡，吃過幾次把冬蔭湯重新創作後的法國菜，也有些是把越南生春捲再創作過。我覺得那乾脆去吃真正的冬蔭湯跟生春捲就好了嘛，不過這種現象正顯現出了泰國菜、越南菜（當然也包含了我們日本菜）的流行。而這些現象，恐怕都是受到了地球暖化的影響吧。

130

蟑螂小故事

我們現在用的木碗，聽說一開始只是把木頭簡單地挖空而已。從前的人先用手捧水來喝，接著用挖空的木頭當成掬水道具，最後演變成把料理放在裡面享用。由於底

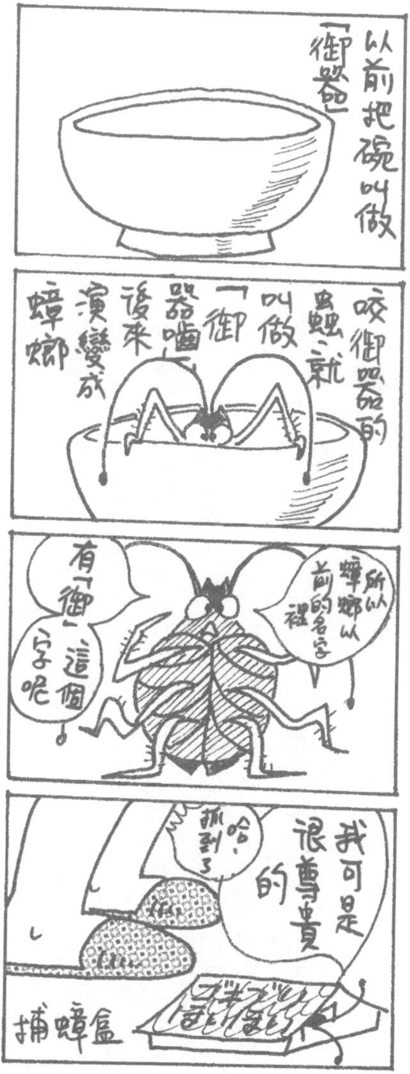

部圓滑，放在平面上的時候容易倒掉，便做了一個圈圈來安放碗，這圈圈就是現在碗底的高台。不過木頭就這麼擺著的話容易發霉，因此人們又發明了塗抹樹脂的作法。之後經過了各種演變，成為我們今日所見的碗。

這種碗類的器具從前聽說叫做「御器」。有種蟲會把碗底的剩飯連同碗一起吃掉，人們於是把這種蟲叫做「御器嚙／御器噛ぶり／Goki-kaburi」，後來傳哪傳，不小心把御器嚙寫成了片假名的「ゴキブリ／Goki-buri」，於是這種蟲便叫做蟑螂（Goki-buri）了。這就是蟑螂這個名字的由來。聽到蟑螂跟餐具有這麼深遠的關係，還真是有點詭異呢。

131

用當地的水泡茶，最美味

泡抹茶的話，最好用軟水。如果用硬水沖泡，那泡出來的茶連綠色的色澤都不太一樣了。據說京都水在全日本裡，也是屬於很軟性的水，所以很適合拿來泡茶。把靜岡的茶拿來京都喝的話，一點都不好喝，感覺好像「沒什麼個性，光是顏色好看而已。」

不過同樣的，把京都的茶帶到東京喝的話，也很難喝呢。我就曾經把宇治茶帶到東京去，用普通水龍頭的水沖泡，結果又澀又苦。我是京都人，當然喜歡京都茶，可是要是在東京的話，我就會喝靜岡茶。較為溫潤柔和。

所以每塊土地上的茶，最好能用那塊土地上的水來泡，那樣子最清甜。一樣的，米也是用當地的水沖洗、蒸煮最香甜。說得極端一點，其實所有農產品應該都這樣吧。

132

鹽堆的小故事——生意興隆可喜可賀、可喜可賀

料理店的玄關兩旁，不是常擺著兩個小鹽堆嗎？常有人問：「那東西到底是什麼意思？」關於那鹽堆的說法，一般最常聽到的是一則源自中國的小故事。

傳說從前有一位妃子，為了讓皇帝的牛車停在自己家門口，好受皇帝寵幸，便在門口擺了鹽堆。喜歡舔鹽巴的牛每次一經過啊，就停下來舔鹽不走了，皇帝也只好到這位妃子家去。因此料理店便把這當成招徠客人的好采頭，在店門口或玄關兩旁擺上鹽堆，形成了這項習俗。

也有人說再加上日本神道以鹽巴來祛除穢氣的作法及一些相關習俗，於是廣為流傳，不過這些說法的真實性就不得而知了。

我們在板前割烹店「露庵」處一直都擺著鹽堆，至於京都總店跟赤坂店則不擺。其實您去看一下外頭的店鋪就知道，一般小料理店與板前割烹之類的店家雖然會放鹽堆，但料亭幾乎沒人擺。至於為什麼嘛，其實說起來，這種鹽堆比較適合一開門就看得見座位，有人爽朗招呼：「歡迎光臨！」的店鋪，但要經過一段蜿蜒小徑才能進到店內的話，擺鹽堆就不太相稱了。

如果擺鹽堆就能廣招客源的話，那不管擺多少都不是問題啦。就我們的感覺來說，鹽堆比較算是用來營造出店鋪的意象，而不是討采頭用的。一堆淨白清冽的鹽堆，讓人看了會覺得，嗯，這家店好像不錯耶、看起來不會太難親近、看起來不像會敲人竹槓、感覺滿乾淨的……所以我想，鹽堆算是可以有效讓人產生這種感受的小道具。再加上也沒必要把前人一直沿襲下來的作法刻意廢掉。

製作鹽堆時，可以拿一個大一點的小酒杯（盡量找錐形的）來倒進鹽巴，上頭噴點水（也可以倒點水，總之呈現溽濕狀就可以了），輕輕壓實後倒扣過來，輕巧地把酒杯拿起。接著再把這個錐狀的鹽堆放進微波爐裡短時間微波的話，就能凝固扎實。

然後把它擺在沒有上釉的白色小碟裡，擺在玄關兩旁就可以了。之後萬一髒了或形態垮了，可以重新做個新的。時常維持潔白、俐落的狀態。

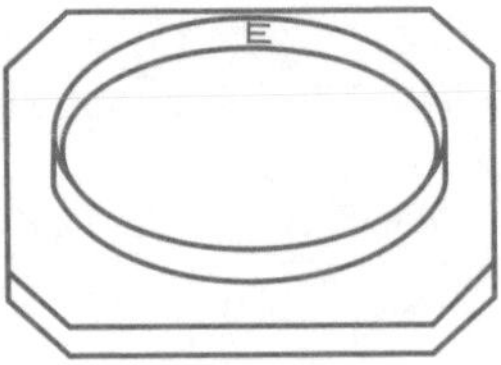

葵盆

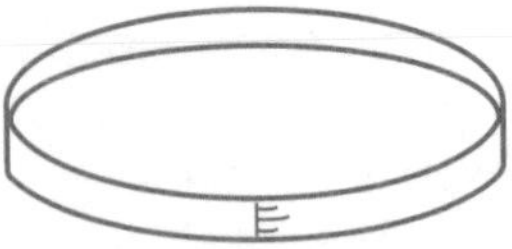

折敷（圓形）

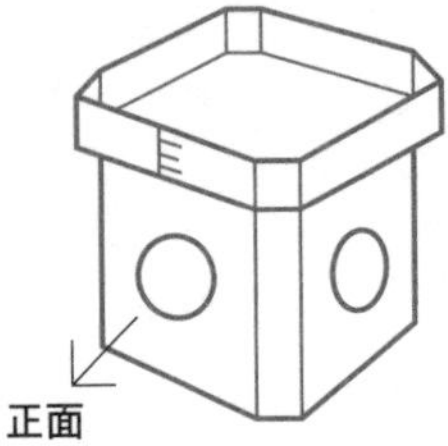

三方

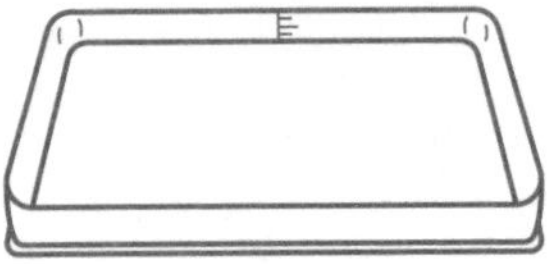

折敷（方形）

【盒蓋的基本差異】

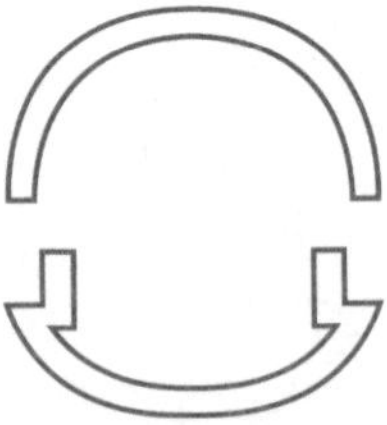

香合

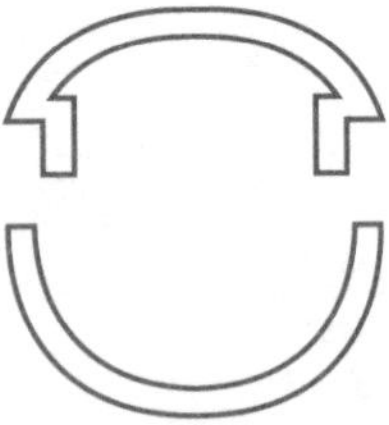

珍味盒

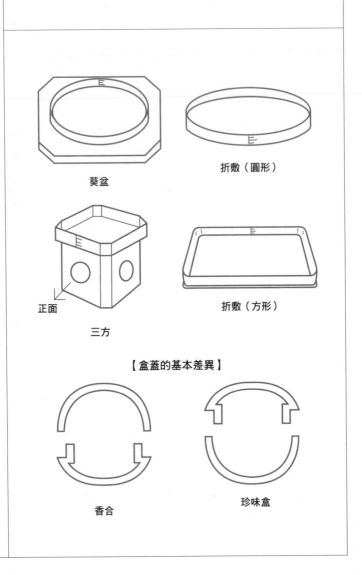

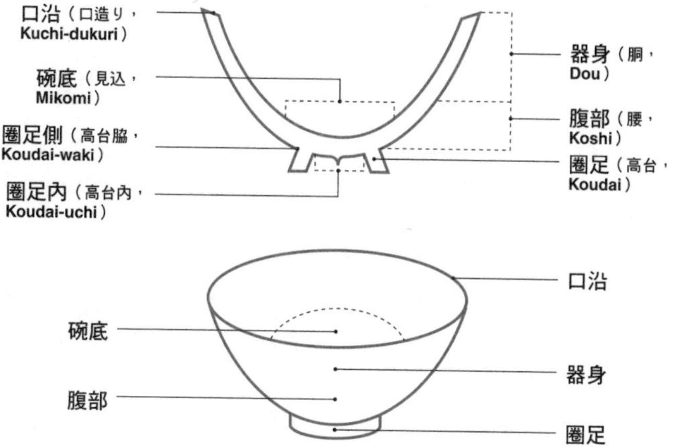

【茶碗各部位的名稱】

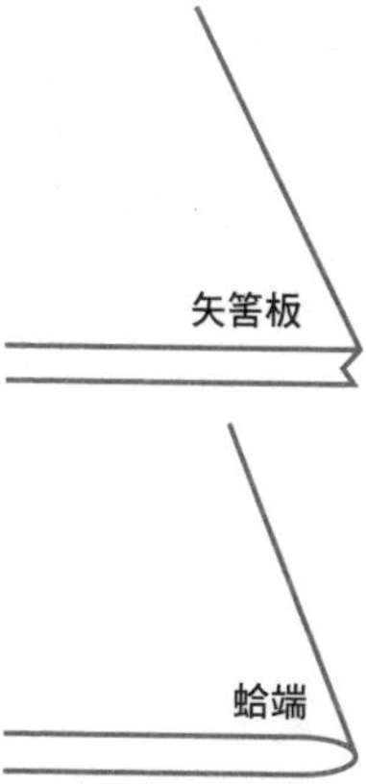

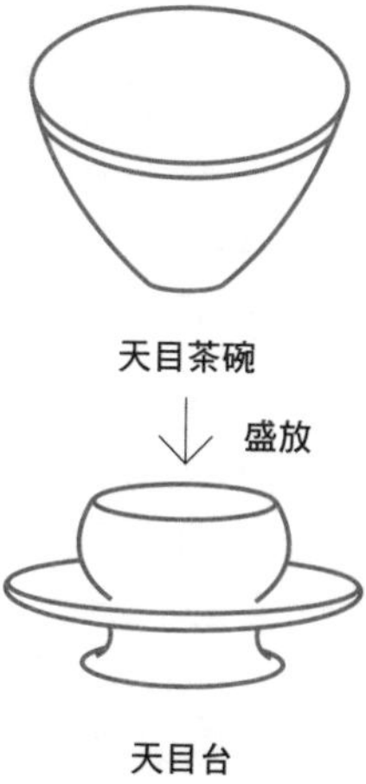

【花台(薄板)】

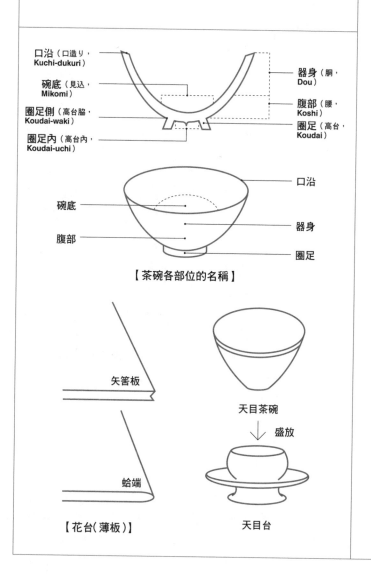

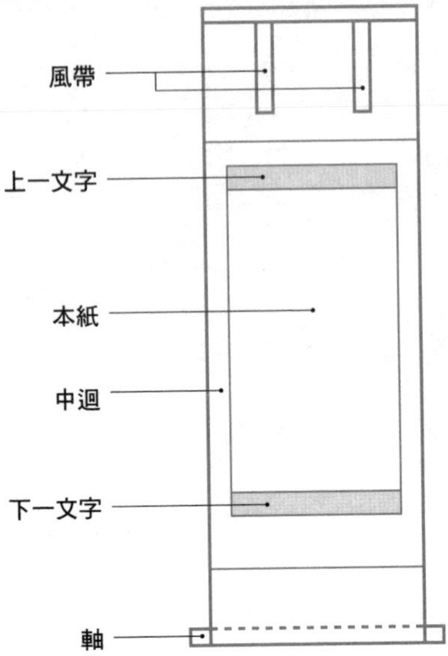

【掛軸】

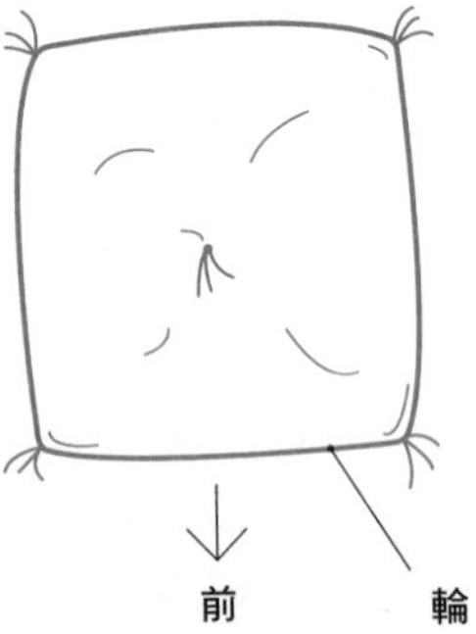

【座墊】

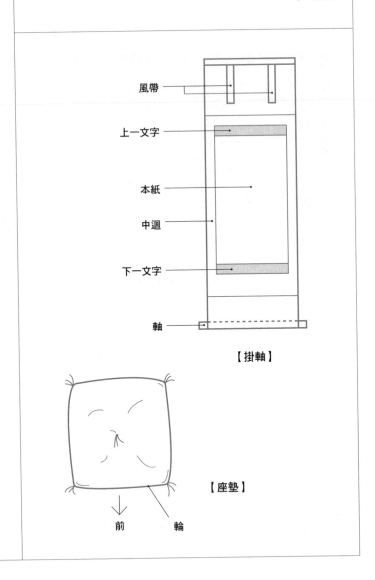

【床之間】

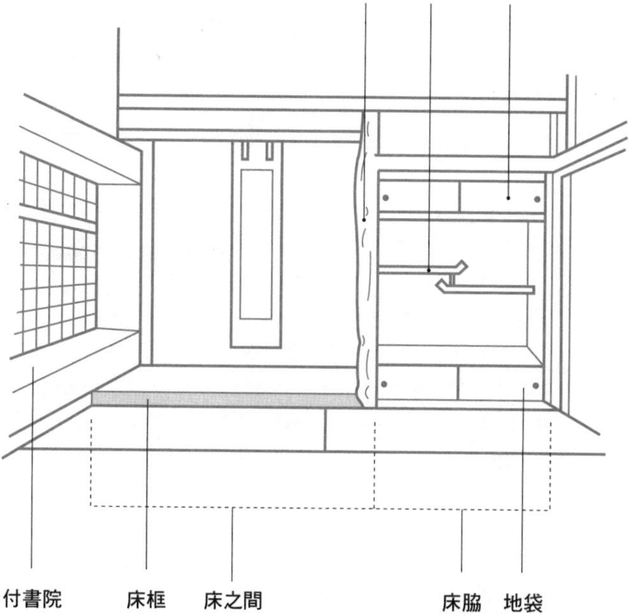

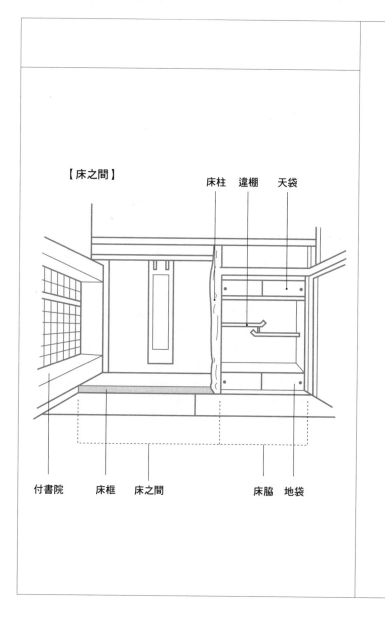

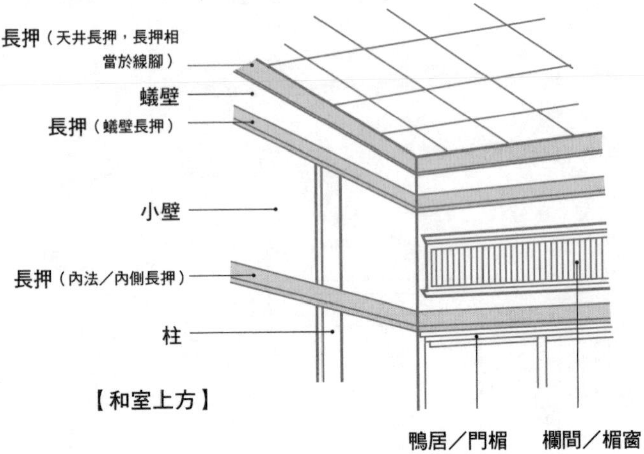
長押（天井長押，長押相當於線腳）
蟻壁
長押（蟻壁長押）
小壁
長押（內法／內側長押）
柱
鴨居／門楣
欄間／楣窗

【和室上方】

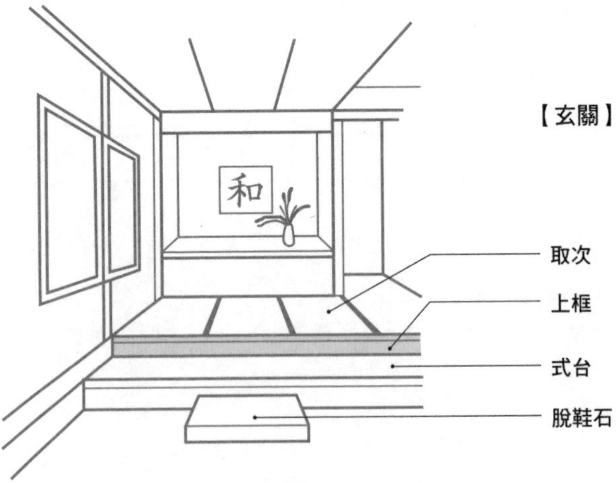
和
取次
上框
式台
脫鞋石

【玄關】

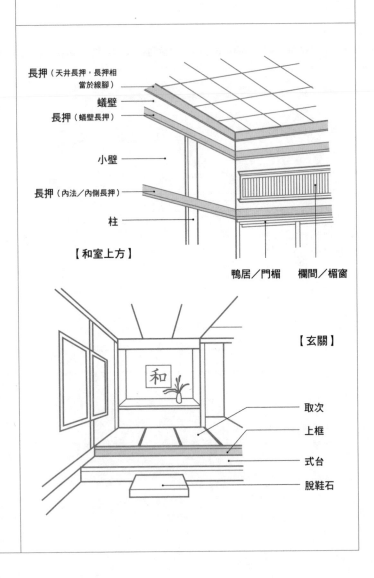

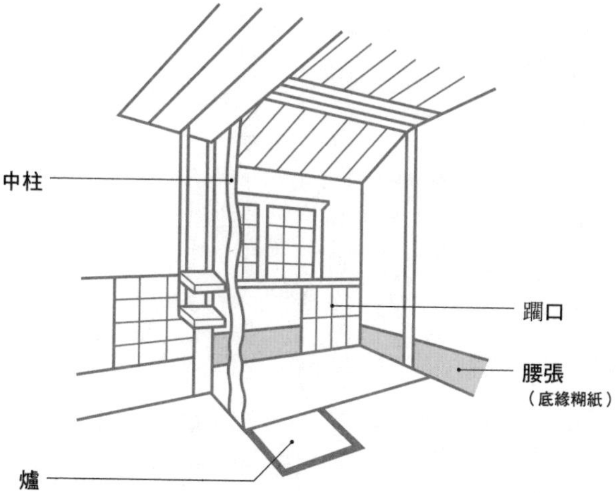

【茶室】

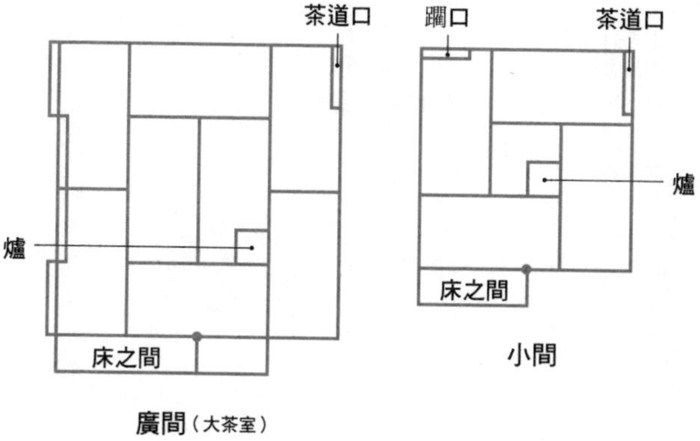

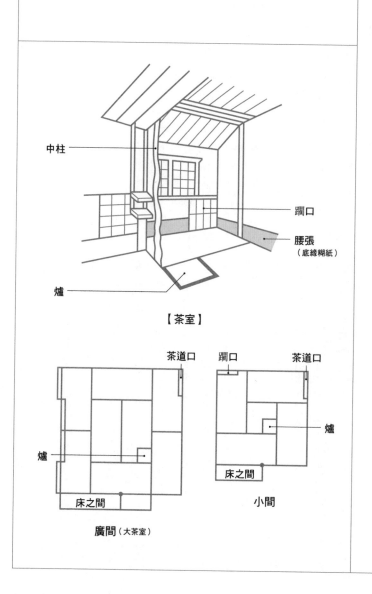

後記

最近好像常聽人家說「日本人愈來愈沒禮貌了。」是真的嗎？如果是的話，怎麼會變成這樣呢？

說起來，從前的家庭裡都有爺爺奶奶同住，爸媽去外頭工作的時候，爺爺奶奶就把一個日本人可以做什麼、不可以做什麼的道理教給小孩子。但隨著小家庭化的趨勢，這樣子的環境漸漸消失，該知道的事情無法傳承給下一代。這恐怕是原因之一吧。

日本人不幸經歷了敗戰的經驗，在那之後，我們無奈地改變了所有價值觀。父母親恐怕也對自己的價值觀逐漸失去了自信吧。後來我們又迎來了高度經濟成長期，拚命工作，生活一切愈來愈便利了，但不曉得為什麼，日本人也逐漸變得很奇怪。從前那樣費心囑咐子女的叮嚀，愈來愈少見。

我算是比所謂的團塊世代還年輕一點，但夾在這中間，一路成長過來我時常覺得我們在說「現代的年輕人真是……」的話之前，有好多事情需要自省。

文化的傳承面臨了困頓——或許二十世紀就是這樣的一個時代。可是我們總要再回頭來看一看日本的優點、找回這些優點。否則身為一個日本人，難道不羞愧嗎？這是我最近常湧上心頭的想法。

料理是位於文化中心的一項存在，從這繁衍而生、又往這回歸而來。料理真的牽涉到了許多周邊文化，就這層意義而言，身為日本料理界的一分子，我認為非得傳承給下一代不可的事情還有好多好多，我也自覺這是一個料理人應盡的責任。如果這本書能夠帶來一點微薄的影響該有多麼美妙，不過首先，我得先叫我那兩個女兒來讀一讀才行。

最後，我想感謝漫畫家Sugiyama Chihiro先生，感謝您這些讓人會心一笑的漫畫，如果沒有這些漫畫，本書便少了許多滋味。也要謝謝設計者石山智博先生、柴田書店的網本祐子小姐以及其他許多為本書付出心力的人。請接受我由衷的謝意。

平成十九年六月

菊乃井　村田吉弘

浮世繪 59
日本料理的常識與奧祕
米其林 7 星懷石料理首席大師
從禮儀、器皿、服務、經營到文化
為您解析和食背後的深邃文化
ホントは知らない日本料理の常識・非常識―マナー、器、
サービス、経営、周辺文化のこと、etc.

作者——村田吉弘
譯者——蘇文淑
執行長——陳蕙慧
總編輯——郭昕詠
校對——渣渣
行銷總監——李逸文
行銷企劃經理—尹子麟
資深行銷
企劃主任——張元慧
封面設計——霧室
封面排版——簡單瑛設

社長——郭重興
發行人兼
出版總監——曾大福
出版者——遠足文化事業股份有限公司
地址——231 新北市新店區民權路 108-2 號 9 樓
電話——(02)2218-1417
傳真——(02)2218-0727
E-mail——service@bookrep.com.tw
郵撥帳號——19504465
客服專線——0800-221-029
Facebook——https://www.facebook.com/saikounippon/
網址——http://www.bookrep.com.tw
法律顧問——華洋法律事務所 蘇文生律師
印製——呈靖彩藝有限公司

國家圖書館出版品預行編目 (CIP) 資料

日本料理的常識與奧祕:米其林7星懷石料理首席大師,從禮儀、器皿、服務、經營到文化,為您解析和食背後的深邃文化 / 村田吉弘著;蘇文淑譯. -- 二版. -- 新北市:遠足文化,2019.09
譯自:ホントは知らない日本料理の常識・非常識―マナー、器、サービス、経営、周辺文化のこと、etc.
ISBN 978-986-508-017-4 (平裝)
1. 餐飲業 2. 餐飲管理 3. 日本

483.8　　108010956

初版一刷 2019 年 9 月 Printed in Taiwan